Andreas Patrzek, Stefan Scholer

# Die Kraft des Fragens

Andreas Patrzek, Stefan Scholer

# Die Kraft des Fragens

Schlüsselkompetenz für Teams, Coaching und Führung

BELTZ

MIX
Papier aus verantwortungsvollen Quellen
FSC® C089473

Dieses Buch ist erhältlich als:
ISBN 978-3-407-36812-6 Print
ISBN 978-3-407-36828-7 E-Book (PDF)

1. Auflage 2022



Lektorat: Konrad Bronberger
Fotos Innenteil: © getty images: alzay (S. 16/17), PeopleImages (S. 23), bestdesigns (S. 30/31), francescoch (S. 43), megakunstfoto (S. 60/61), SheraleeS (S. 71), Marco_Piunti (S. 82/83), Erin Donalson (S. 88/89), primipil (S. 98/99), z80 (S. 121), Hutangac (S. 128/129), francescoch (S. 138/139), pixelfit (S. 152/153)
Umschlaggestaltung: Jonathan Bachmann

Satz und Herstellung: Michael Matl
Druck und Bindung: Beltz Grafische Betriebe, Bad Langensalza
Beltz Grafische Betriebe ist ein klimaneutrales Unternehmen (ID 15985-2104-100).
Printed in Germany

Weitere Informationen zu unseren Autor_innen und Titeln finden Sie unter:
www.beltz.de

# Inhaltsverzeichnis

# Einleitung

Haben Sie in Gesprächen schon einmal festgestellt, dass – bis auf die mögliche Eingangsfrage: »Na, wie geht's Dir ...?« – im weiteren Verlauf des Gesprächs kaum noch oder nur in spärlichem Umfang Fragen gestellt werden? Und zwar weder von Ihnen noch von Ihrem Gesprächspartner? Machen Sie im Beruf die Erfahrung, dass Besprechungen von *Meinungen* und *Statements* dominiert werden, Fragen in diesen Besprechungen aber eher eine Ausnahme sind? Haben Sie generell schon einmal gemerkt, dass überhaupt in Gesprächen jeder ziemlich viel von sich selbst erzählt, von eigenen Erlebnissen, Erfahrungen, Meinungen, Sichtweisen und Bewertungen? Und dass interessierte Nachfragen – und mit »interessiert« meinen wir hier: *wirklich* interessiert – eher nicht vorkommen? Dass diese Fragen, wenn sie gestellt werden, das Gespräch jedenfalls nicht wesentlich prägen?

Wenn Ihnen all dies – gleich ob im Privaten oder auch beruflich – bislang noch nicht aufgefallen sein sollte: Achten Sie doch vielleicht zukünftig einmal darauf! Sowohl in Ihrem Privatleben als auch im Job.

Warum sollten Sie das tun? Vielleicht ist Ihnen noch nicht klar, dass Fragen einen wesentlichen Anteil an einem guten und – vor allem im beruflichen Kontext – zielführenden und ertragreichen (also letztendlich auch *guten*) Gespräch haben. Ein Gespräch ohne Fragen ist eher ein Monolog. Leider merken viele Menschen nicht, dass das, was sie – ohne weiter darüber nachzudenken – ohne die Spur eines Zweifels als Gespräch bezeichnen würden, in Wirklichkeit nicht selten eine Aneinanderreihung von großen oder kleinen »Monologen« ist.

## Oft fehlt die Würze – es fehlen: Fragen

Wir glauben: Fragen sind die Gewürze von Gesprächen. Ohne Gewürze bleiben die meisten Speisen fad. Eigentlich essen wir nicht gerne fad. Seltsamerweise merken wir aber nicht sofort, wenn einem Gespräch die Würze fehlt. Vielleicht, weil wir schon unzählige fade Gespräche über uns ergehen lassen mussten und uns eigentlich an solch unbefriedigende Gespräche gewöhnt haben?

Hand aufs Herz: Wir alle sind geübter und fühlen uns deshalb in Gesprächen auch wohler, wenn wir uns hauptsächlich auf's Antworten beschränken können. Indes: Es sind weniger die Antworten, die ein Gespräch in eine interessante Richtung lenken können. Nein, gute Fragen sind die beste Garantie dafür, dass eine Unterhaltung nicht an der Oberfläche verläuft, sprich für beide Seiten »ertragreicher« verläuft – und oft auch humorvoller! Schon Goethe wusste: »Wenn du eine weise Antwort verlangst, musst du vernünftig fragen.«

Falls Sie jetzt schon das Gefühl oder eine zumindest leise Ahnung beschleicht, dass auch Sie zu den Zeitgenossen gehören, die bislang stärker auf's *Antworten* spezialisiert sind, wenn Sie also in der Regel eher wenig fragen, und wenn Sie vielleicht daran etwas ändern möchten, haben wir eine gute Nachricht für Sie: »Vernünftig fragen«, wie es Goethe ausdrückt, kann man lernen!

## Gute Fragen lassen Zeit

Gleich zu Beginn fragen wir Sie deshalb mal ganz direkt: Sind Sie der Meinung, dass Sie zu wenig fragen? Falls Ihnen jetzt der Satz durch den Kopf geht: »Diese Frage habe ich mir noch nie gestellt«, dann haben wir Ihnen schon zu Beginn eine gute Frage gestellt. Warum? Alle Fragen, auf die Sie selbst oder ein Gesprächspartner von Ihnen nicht gleich eine Antwort parat hat, sind gute Fragen! Denn wenn Sie oder der/die andere nicht gleich antwortet, heißt das: Sie oder der andere wurde angeregt, über Dinge, Sachverhalte oder Aspekte nachzudenken, an die Sie oder er bislang noch nicht gedacht hat. Eine gute Frage löst *Nachdenken* aus. Und Nachdenken braucht Zeit.

Wenn Sie möchten, können Sie aus diesen einleitenden Sätzen schon einen ersten Hinweis mitnehmen.

**Fragen üben: Zeit lassen**

Kann Ihr Gesprächspartner, gleich ob im Privaten oder im beruflichen Kontext, eine Frage nicht gleich beantworten, stellen Sie bitte nicht gleich wie aus der Pistole geschossen eine ergänzende Nachfrage. Klopfen Sie sich stattdessen innerlich erst mal selbst auf die Schulter und gratulieren Sie sich! Denn Sie haben eine gute Frage gestellt.
Lassen Sie Ihrem Gegenüber ausreichend Zeit zum Überlegen. Nachdenkpausen schaden nicht! Ganz im Gegenteil: Sie sind sehr wichtig für Ihr Gegenüber. Wir haben viel zu selten Nachdenkpausen in einer Zeit, die auf Schnelligkeit gepolt ist und in der zu viele Fragen oft eher lästig erscheinen.

## Fragen sind rar

Wir sind der festen Überzeugung: Es werden nicht zu viel, es werden im Gegenteil viel zu wenig Fragen gestellt. Nicht nur im erlebten Alltag, auch in unserer Gesellschaft, ebenso im Beruf, vielleicht auch in der Politik, in der leider oft die »Besserwisser«, und so gut wie nie die Fragenden dominieren.

Diese Erfahrung, die wir als Autoren in den unterschiedlichsten Kontexten immer wieder gemacht haben, ist auch der

Impuls für die vorliegende Publikation. Wir haben insbesondere im beruflichen Umfeld, zum Beispiel in der Arbeit mit Führungskräften, immer wieder festgestellt, dass diese – obwohl in Kommunikation geschult – kaum in der Lage waren, einfach »wertfrei« und neutral zu fragen, ohne dem Gegenüber mit der Formulierung der »Fragen« gleich eine Antwort nahezulegen bzw. eine bestimmte Antwort zu erwarten. Dieses Phänomen zog sich durch alle Führungsebenen. Ob erstaunlich oder eben gerade nicht erstaunlich: Im oberen Management, so jedenfalls unsere Erfahrung, war das beobachtete Defizit an Fragekompetenz sogar noch stärker verbreitet.

## Menschen in Schlüsselpositionen fragen (zu) wenig!

Es scheint eine Art kulturelle Prägung insbesondere bei Menschen in leitenden oder Schlüsselpositionen zu geben, die diesen nahelegt, die aus ihrer Sicht jeweils adäquaten und »richtigen« Antworten auf Problemstellungen schon kennen zu müssen. Ein gängiges, wenn auch nicht immer bewusstes Paradigma scheint zu lauten: Eine Führungskraft sollte immer selbst wissen, wo es langgeht. Sonst ist sie keine Führungskraft. Wer fragt, ist schwach. Das Zugeben, besser: Einräumen von »Nicht-Wissen« scheint in unserer heutigen Zeit, und insbesondere bei Menschen in leitenden Funktionen, nicht gerade »in« zu sein.

Wir drehen dieses Paradigma (Wer fragt, weiß wenig.) um. Nicht aus Spaß, sondern weil wir der festen Überzeugung sind: Wer fragt, zeigt Stärke. Und wir wagen sogar die Prognose: Fragekompetenz wird insbesondere für Führungskräfte, und insbesondere für Führungskräfte des Top-Managements, zu einer entscheidenden, wenn nicht zu *der* Kernkompetenz der Zukunft!

In einer zunehmend komplexen Welt, insbesondere in unserer sich rasant verändernden Arbeitswelt, kann der einzelne nicht mehr alles wissen. Wir sind mehr denn je darauf angewiesen, wichtige Informationen aus anderen Quellen – und am besten aus den unterschiedlichsten – zu generieren. Das wichtigste Werkzeug hierfür sind: Fragen! Aber auch im Privatleben bereichern gute Fragen unsere sozialen Beziehungen. Sie drücken Wertschätzung, Empathie und Interesse am anderen aus.

Sie werden in diesem Buch nun in vielen Beispielen – alle stammen aus der Praxis und sind nicht erfunden – sehen, welch enorme Kraft hinter Fragen steckt. Und welche Chancen leider immer dort ungenutzt bleiben, wo auf gute Fragen verzichtet wurde.

## Fotos und Grafiken im Buch

Abschließend noch wenige Worte zur Bebilderung des Buches. Mit den eingestreuten Grafiken und Fotos möchten wir Ihnen noch einen weiteren Zugang, eine andere Perspektive auf Fragen geben. Während die einzelnen Kapitel Ihnen über das geschriebene Wort die verschiedenen Facetten von Fragen nahebringen, werden Ihnen die Bilder – im wahrsten Sinne des Wortes – einen anderen Blick ermöglichen.

Diese Sichtweise kann je nach Darstellung »positiv« unterstützend bzw. unterstreichend, sie wird aber auch im Einzelfall bewusst »negativ« irritierend oder polarisierend angelegt sein. Ganz so, wie Fragen es eben in der Realität auch sein können.

## www.questicon.de

Auf der Internetseite www.questicon.de finden interessierte Leserinnen und Leser eine große Fülle weiterer Informationen und Tipps rund um das Thema Fragen: Podcasts, Fachartikel, Texte, Checklisten, Tools und mehr – alles zum kostenlosen Download –, außerdem Hinweise auf aktuelle Weiterbildungsangebote und Seminare.

1

# Eine Frage verändert die Welt

Dass dieser Abend in die Geschichtsbücher der Fragekultur – aber natürlich auch der großen Politik – eingehen würde, war für Riccardo Ehrmann am 9. November 1989 nicht abzusehen. Der Chefkorrespondent der italienischen Nachrichtenagentur Ansa kam erheblich zu spät in den restlos überfüllten Saal im internationalen Pressezentrum in Ost-Berlin, und fand nur noch einen unbequemen, aber exponierten Platz vorne am Rand der Bühne.

Die Pressekonferenz mit Günther Schabowski, dem Pressesprecher des SED-Politbüros, neigt sich schon dem Ende zu.

Vielleicht haben Sie diese Szene schon zigfach gesehen: Um 18.53 Uhr stellt der Pressevertreter Ehrmann dem wie üblich eher unwirsch und unzugänglich auftretenden Schabowski zwei Fragen: Auf die erste Frage, nämlich wie er den neuen Reisegesetzentwurf, der DDR-Bürgern freie Aus- und Einreise gewährt, beurteile, wirkt Schabowski bereits etwas irritiert, wie auf dem falschen Fuß erwischt. Auf die dann direkt anschließende, nachbohrend gestellte Frage Ehrmanns, wann denn das Reisegesetz nun in Kraft treten werde, sucht der sichtlich überfragte Schabowski etwas ratlos in seinen Unterlagen und antwortet: *»Das tritt meiner Kenntnis nach … das ist sofort … unverzüglich.«* (Dies war, wie sich später herausstellte, ein Versehen, denn die vorgesehene Regelung sollte erst am kommenden Morgen in einem geregelten Verfahren beginnen.)

Diese live im DDR-Fernsehen übertragenen Sätze hören Millionen DDR-Bürger. Und Hunderttausende machen sich sofort auf den Weg und stürmen die Grenzübergänge. Den weiteren Lauf der Geschichte kennen wir.

*(Siehe auch http://www.youtube.com/watch?v=wQLZJKTVPK8)*

Was wir aus dem zeitlichen Auslöser des Mauerfalls in Berlin lernen können: In Fragen steckt eine ungeheure Kraft. Umgekehrt: Fragen ist nichts für Feiglinge. Der Mut zum Fragen wird meist belohnt. Er verändert eine Situation. Mitunter sogar dramatisch.

Wir müssen freilich nicht unbedingt die große internationale Politik bemühen, um zu verdeutlichen, wie wichtig Fragen in unserem Leben sind. Es reicht schon ein kurzer Blick in den Alltag. Zum Beispiel in unseren Berufsalltag.

## Keine Nachfragen?

Ein Dienstleister hat vor zwei Wochen für einen Kunden ein Angebot erstellt und ruft ihn nun direkt an, um den Stand zu klären. Als er ihn nach unzähligen Versuchen erreicht, bedankt sich der Kunde – etwas kurz angebunden – für das »sehr umfangreiche Angebot« und erklärt, es würde »im Großen und Ganzen« schon passen. Man würde noch zwei ausstehende Angebote abwarten und sich dann Ende des Monats melden. Dem Dienstleister liegt die Frage auf der Zunge, ob es bei einigen Details noch Fragen gäbe – denn die Formulierung »im Großen und Ganzen« weist in diese Richtung. Er verkneift sich diese Frage aber, da der Kunde ja scheinbar im Stress ist und der Dienstleiter von Beginn an selbst unsicher war, was der Kunde eigentlich genau will.

Dumm nur: Durch die ausgebliebene Nachfrage ist dem Dienstleister möglicherweise eine wichtige Information entgangen. Denn, wer weiß: Durch eine Nachfrage hätte er vielleicht erfahren, dass der Kunde an zwei Stellen noch gerne vertiefende

Informationen gehabt hätte – so wie es die Mitbewerber auch dargestellt hatten.

Im geschilderten Beispiel zog der nicht nachfragende Dienstleister den Kürzeren. Wer nicht fragt, ist meist im Nachteil. Und umgekehrt: Wer fragt, »gewinnt«. Mitunter ganze Aufträge, mindestens aber zusätzliche, in aller Regel äußerst nützliche Informationen.

**Fragen üben**

Die Eingangsbeispiele zeigen – jeweils in einer anderen Situation bzw. aus einer anderen Perspektive –, wie wichtig es ist, im richtigen Moment die richtigen Fragen zu stellen. Und überhaupt: Fragen zu stellen.

Deshalb: Fragen Sie mehr! Viele Fragen generieren großen Nutzen. Vor allem für Sie selbst. Probieren Sie es aus! Am besten, Sie fangen gleich morgen damit an und stellen einmal bewusst mehr Fragen als sonst.

## Vorteile von Fragen

Diese Vorteile haben Sie, wenn Sie mehr fragen:

- *Respekt:* Wer eine Frage stellt, verändert die Situation. Und zwar zu seinem eigenen »Vorteil«: Sie beweisen Standing und Selbstvertrauen, wenn Sie (nach-)fragen. Sie zeigen Mut, da Sie ja, wenn Sie fragen, auch unerwartete oder abschlägige Antworten in Kauf nehmen. Dadurch verschaffen Sie sich beim Gegenüber Respekt und Achtung.
- *Transparenz:* Durch Fragen erhalten Sie wichtige Informationen. Sie gehen den Dingen auf den Grund und klären Details. Manches bliebe diffus und vage, wenn man es nicht durch klärende Fragen herausarbeiten würde. Fragen führen zu größerer Transparenz. Das ist gut für alle Beteiligten.

- *Interesse:* Gezielte Fragen sind im privaten wie im beruflichen Zweiergespräch ein Zeichen dafür, dass man wirkliches Interesse am Gesprächspartner, seiner Situation und seiner Sichtweise hat. Ihr Gegenüber schätzt es, wenn Sie nicht permanent nur von sich erzählen, sich also nicht nur um sich selbst drehen, sondern sich dem anderen mit interessierten Fragen unmittelbar zuwenden.

Eines aber ist sicher: Mehr Fragen zu stellen braucht meist auch ein bisschen Mut. Fragen ist nichts für Feiglinge. Denn wer viel fragt, geht immer auch eine Art Risiko ein. Bei diesem Wagnis können Sie nur gewinnen. Auch wenn Sie durch eine Frage nicht immer das erfahren, was Sie vielleicht hören wollen. Sicher aber ist allemal: Später wissen Sie mehr.

*Gute Fragen geben die Richtung vor, in die sich ein Gespräch entwickelt.*

# 2

# Mit Fragen Beziehungen aufbauen

Viele kennen den Werbespot der Sparkassen aus den 1990er Jahren, in dem sich zwei smarte Manager begegnen und die Karten auf den Tisch legen (siehe http://www.youtube.com/watch?v=U0MU-2_MuUE). Mein Haus, mein Auto, mein Boot. Das dann folgende kurze Gespräch folgt diesem Drehbuch: Ich – Ich – meins – meins – unsers – unsers. Wer das schmunzelnd für völlig realitätsfremde Kunstszenen exaltierter Werbeprofis hält, sollte sich beim nächsten Gang in die Kantine mal zurücklehnen und den Gesprächen der Kollegen am Tisch lauschen. Wir vermuten: Das Drehbuch wird oft das gleiche sein.

Hier also das Drehbuch der gewohnten Alltagskommunikation. Überschrift: Jeder erzählt nur von sich. Sobald ein Gesprächspartner eine kurze Verschnaufpause macht, grätscht der andere elegant rein und erzählt seine eigene Story weiter. (A: »Wir waren letzte Woche in Südtirol zum Ski-Laufen …« B: »Die machen da inzwischen ja wieder einen guten Rotwein.« C: »Mein Weinhändler verkauft inzwischen auch Spaghetti.« A: »Also und es hatte da viel Schnee …«)

Was wäre der Ausweg, um aus diesem unkoordinierten beiläufigen Nebeneinander eigener Aussagen ein strukturiertes Miteinander zu machen? Sie ahnen es schon, ganz einfach: Zu fragen! Mit Nachfragen auf das zuvor Gesagte Bezug nehmen. (So könnte z. B. C den A fragen: »Wo waren Sie denn da genau? Was hat Ihnen besonders gut gefallen? …«)

Auch im Beispiel der folgenden privaten, zwischenmenschlichen Kommunikation prägen ausbleibende Fragen das Bild:

Sie und Er, beide sportlich, Ende zwanzig, gehen zum ersten Mal gemeinsam essen, zum Szene-Thailänder.

Sie: »Ich war letzte Woche im Kino und habe mir den neuen Bond angeschaut, gefiel mir gar nicht.«
Er: »Ja, gehe auch schon lang nicht mehr ins Kino, da kommt doch sowieso nur Mist, ich geh' in meiner kurz bemessenen Freizeit lieber zweimal ins Fitness-Studio bei mir ums Eck, das entstresst mich total.«
Sie: »Der Stress hat bei uns seit einigen Wochen auch sehr zugenommen, besonders seit meine Kollegin in Mutterschutz ist.«
Er: »Ja, bei uns ist die Personaldecke auch sehr dünn!« Usw.

Welche Art von Gespräch haben Sie hier verfolgt? Streng genommen wurden Sie gar nicht Zeuge eines Gesprächs. Sie durften zwei sich stetig abwechselnden Monologen lauschen: einem permanenten, systematischen Aneinander-Vorbeireden.

Wie man das ändern könnte? Ganz einfach: durch Nachfragen. Zum Beispiel könnte Er gleich bei der Kino-Bemerkung nachfragen, was denn genau ihr am Film nicht gefallen hat? Oder welche Filme ihr besser gefallen. Sie hätte nachfragen können, seit wann die Personaldecke in seinem Unternehmen so knapp bemessen ist oder welche konkreten Auswirkungen die dünne Personaldecke auf seinen Tagesablauf hat.

Warum werden diese Fragen nicht, oder viel zu selten, gestellt? Ganz einfach: Weil die meisten Menschen in ihren Gedanken um sich selbst kreisen. Weil sie, wenn wir ehrlich sind, gar kein Interesse und kein Bemühen haben, die Situation eines anderen noch besser zu verstehen.

## Fragen: Mehr als nur Informationen gewinnen

Fragen haben vielfältige Funktionen. Die meisten von uns denken, sobald sie mit dem Thema Fragen konfrontiert sind, sofort an Interviews, Reporter, Kommissare, den eigenen Arzt usw. Deren berufsbedingte Aufgabe ist es, durch Fragen mehr von einem Sachverhalt zu erfragen. Und natürlich ist die Gewinnung und Strukturierung von Information ein Aspekt von Fragen, der von großer Bedeutung ist.

Daneben gibt es aber eine Fülle weiterer positiver Aspekte von Fragen. Vor allem …

- kann man mit Fragen Kontakte anbahnen und gestalten,
- und es lässt sich mit gezielten Fragen relativ einfach eine tragfähige Beziehung zum Gesprächspartner herstellen.
- Fragen halten einen Gesprächsfluss in Gang.
- Und sie können Gesprächen eine gewisse Tiefe geben.

All dies erreicht man in Gesprächen nicht mit Ich-bezogenen Aussagen wie: »Ich habe …« / »Ich tue gerade …« / »Ich bin …«.

## Fragen erfüllen menschliche Grundbedürfnisse

Fragen erfüllen ein tief verankertes menschliches Grundbedürfnis. Warum das so ist? Ganz einfach: Menschen wollen gesehen und gehört werden. Menschen wollen sich, psychologisch formuliert, in »Beziehung« zueinander erleben. Beziehung zu erfahren bedeutet, etwas im Gegenüber auszulösen – und dies vom Gegenüber auch rückvermittelt zu bekommen. In »Beziehung« treten kann man besonders dann, wenn man das Gefühl hat, dass das Gesagte beim Gesprächspartner wirklich ankommt, in ihm etwas auslöst und auf sein Interesse stößt. Ein einfacher Weg dahin sind schlichtweg: Fragen.

Diese Erkenntnis können Sie sich zunutze machen, indem Sie in all Ihren Gesprächskontakten damit beginnen, einfach mehr Fragen zu stellen. Dadurch bauen Sie sofort eine wichtige Kontaktbrücke zum anderen. Und mit etwas Geduld erfahren Sie sogar Neues, das für Sie bereichernd und/oder interessant sein kann.

Die positiven Wirkungen von Fragen gelten gleichermaßen im privaten wie auch im beruflichen Umfeld; egal ob Sie mit dem Nachbarn ins Gespräch kommen wollen, der netten Kollegin, dem Kollegen aus der Zweigstelle oder mit Ihrem Geschäftspartner: Fragen Sie einfach, statt nur zu berichten! Das schafft Kontakt und meistens auch Sympathie.

### Fragen üben: Nachfragen!

In der Regel gilt:

- Ein Gesprächspartner wird sich in aller Regel über Ihr Interesse freuen, und auf Ihre (Nach-)Fragen gerne antworten.
- Fragen Sie in einem Gespräch ruhig fünf- bis sechsmal nach,
- und Sie können das Gehörte dann auch mit Ihren eigenen Worten noch einmal wiedergeben,
- und dann, aber bitte erst dann, leiten Sie vielleicht zu sich selbst über und berichten von eigenen Erfahrungen, die möglicherweise in Zusammenhang mit dem Thema stehen.

Sollte Ihr Gesprächspartner beim ersten Stichwort von Ihnen sofort wieder zu sich überleiten:

- Tolerieren Sie das geduldig und fragen Sie durchaus noch zwei- bis dreimal nach.
- Sollten auch Ihre nächsten Versuche der Überleitung zu eigenen Erfahrungen fehlschlagen, hat Ihr Gesprächspartner vielleicht kein Interesse an einem Dialog, und es liegt an Ihnen zu entscheiden, wie sie weiter vorgehen.

## Wie gehen Sie mit dem Typ »Monologisierer« um?

Wie meistens im Leben, kommt es darauf an:

- Bei einem wichtigen Geschäftspartner lassen Sie sich auf das Spiel ein und geben ihm den Raum. Sollte es für Sie mittelfristig nicht persönlich bereichernd sein und sich auch langfristig nicht in Ergebnissen niederschlagen, stufen Sie ihn vom Top-Kunden zum »may be«-Kontakt.
- Bei einem »netten Kollegen« hören Sie vielleicht noch ein wenig zu und verlassen dann die Situation. Vielleicht klappt es ein anderes Mal.
- Bei einem guten Freund beobachten Sie, ob sich darin ein Muster widerspiegelt: z. B. ob Sie auch in anderen Gesprächssituationen mit diesem Freund immer der »Gebende« (Fragende) und der Freund der »Nehmende« (Erzählende) ist. Sollte dem so sein und sollte Ihnen an der Beziehung liegen, können Sie Ihre Wahrnehmung vielleicht mal ansprechen. Oder besser noch: Sie können Fragen stellen, z. B. dahingehend, wie der andere die Situation wahrnimmt. Klar, dass Ihnen das wahrscheinlich nicht leichtfallen mag. Aber Sie wissen ja:

Fragen ist nichts für Feiglinge!

Gute Fragen bergen Überraschungen.

3

# Offene und geschlossene Fragen: »Weit« am Anfang und »eng« am Ende!

Zwei Kollegen treffen sich zufällig auf dem Weg zur Kantine.

A: Schön, Dich zu sehen, Du warst doch letzte Woche wieder in Shanghai, auf der Messe?
B: Ja, kam vorgestern erst zurück.
A: Das ist ja eine extrem weite Reise, ich kenne das, war ja auch schon zweimal da. Hast Du noch einen Jetlag?
B: Nein, geht inzwischen wieder sogar, kennst mich ja.
A: Und, war's gut?
B: Ja, aber auch sehr anstrengend.
A: Denk ich mir, man kennt das ja von den Messen, ein Termin hetzt den anderen. Hattest auch viele Abend-Termine, oder?
B: Nein, das meiste lief tagsüber, nur den Chang traf ich zweimal abends ...
A: Habt ihr auch über das Projekt PX 23 gesprochen?
B: Ja, das war zentral.
A: Und, ...

Sicherlich halten Sie das für ein ganz normales Gespräch, ohne besondere Auffälligkeiten. Wenn Sie aber genau hinhören, werden Sie merken, dass die Gesprächsanteile relativ einseitig verteilt sind. Der eine (A) stellt laufend Fragen, der andere (B) antwortet eher knapp. Ein richtiger Dialog kommt dadurch nicht zustande.

Und genau genommen erfährt A auch nicht wirklich etwas Neues: Denn eigentlich holt er sich nur Bestätigungen (oder »Abfuhren«) für seine »Vor«-Urteile und Mutmaßungen. (Dass die Reise Jetlag verursacht – weiß er aus eigener Erfahrung –, ebenso, dass die Messe anstrengend ist ...)

## Die Wirkung geschlossener Fragen

Verantwortlich für diesen recht »einseitigen« Gesprächsverlauf sind die verwendeten Fragen – genauer: die verwendeten Frageformen. A hat nämlich ausschließlich *geschlossene Fragen* an seinen Gesprächspartner gerichtet.

Im Deutschen – wie auch in den meisten westeuropäischen Sprachen – gibt es nur zwei bzw. drei Formen von Fragen: geschlossene Fragen und offene Fragen. Darüber hinaus gibt es noch die sogenannten »Alternativfragen«, die aber im Kern eine Mischung aus offenen und geschlossenen Fragen darstellen.

Geschlossene Fragen erwarten vom Befragten eine direkte »Ja«- oder »Nein«-Antwort. Von »Vorteil« dabei ist, dass sie dem Befragten enge Antwortmöglichkeiten vorgeben, denen er kaum ausweichen kann. Der Antwortende wird angehalten, sich zu entscheiden und Position zu beziehen. Gleichzeitig kann er sehr knapp antworten, wodurch das Gespräch verkürzt wird und man schnell weitere Fragen stellen kann. Zudem hat man als Fragender die Fäden in der Hand und kann das Gespräch gut lenken.

## Geschlossene Fragen erschweren den Dialog

Gleichzeitig sind mit geschlossenen Fragen – wie wir im einführenden Beispiel gesehen haben – aber auch eine Reihe von Nachteilen verbunden:

- Mit geschlossenen Fragen entsteht kein wirklicher Dialog, viele Gesprächspartner fühlen sich »ausgefragt«.
- Der Gesprächsanteil des Fragenden ist sehr hoch. Um das

Gespräch am Laufen zu halten, muss er ständig neue Fragen nachschieben.

- Und das Wichtigste: Der Fragende erfährt oft nichts wirklich Neues, er erhält keine vertiefenden Informationen.

## W-Fragen öffnen!

Den einzigen Weg zu besseren und wirklich neuen Informationen bieten offene Fragen. Warum? *Offene Fragen* lassen die mögliche Antwort, wie der Name schon sagt, völlig offen und bewegen den Befragten dazu, von sich aus etwas ausführlicher zu antworten. Offene Fragen beginnen mit den bekannten »W«-Fragewörtern, also mit einleitenden Wörtern wie z. B.: »Was ... Wie ... Welche(s) ... Warum ... Wieso ... Wer ... Wo ... Wohin« usw. Deshalb werden sie auch W-Fragen genannt.

### Beispiele für offene und geschlossene Fragen

- *Geschlossene Frage:* »Bist Du der Meinung, dass Tabakwerbung verboten gehört?«
- *Offene Frage:* »Welche Meinung hast Du denn zu der Frage, ob Tabakwerbung verboten werden soll?«
- *Geschlossene Frage:* »Glaubst Du auch, dass eine weltweite Klimakatastrophe nicht mehr aufzuhalten ist?«
- *Offene Frage:* »Wohin entwickelt sich Deiner Meinung nach der Klimawandel?«
- *Geschlossene Frage:* »Herr Wüsstegern, sind Sie mit dem Vorschlag einverstanden?«
- *Offene Frage:* »Herr Wüsstegern, was sagen Sie zu dem Vorschlag?«
- *Geschlossene Frage:* »Bist Du, wie die anderen Kolleginnen und Kollegen aus dem Team, auch der Meinung, dass dem neuen Chef unsere Einschätzungen nicht wirklich wichtig sind?«
- *Offene Frage:* »Wie siehst Du denn eigentlich das Wirken unseres Chefs in den ersten sechs Monaten?«

Was glauben Sie, auf welche Fragen die ausführlicheren, aber vor allem die interessanteren Antworten kommen werden? Auf die geschlossenen oder die offenen Fragen? Die Antwort liegt nahe. Wir glauben, Ihre Antwort zu kennen: Es sind die offenen Fragen.

Sie erhalten, wenn Sie offene Fragen stellen, nicht nur interessantere Antworten. Sicher ist auch: Je nachdem, ob Sie eine offene oder geschlossene Frage stellen, nehmen Sie unmittelbar Einfluss auf die Qualität und Länge der Antworten.

## Vorteile offener Fragen

Die entscheidenden Vorteile der offenen Fragen:

- Sie lassen dem Befragten großen Freiraum bei der Antwort. Erst dadurch erfährt man wirklich etwas über die persönliche Sicht/Meinung des Befragten.
- Der Befragte kann sehr umfassend antworten. Was dazu führt, dass man oft unerwartete Details kennenlernt.
- Es entsteht ein wirklicher Dialog, bei dem sich der Gesprächspartner auf Augenhöhe fühlt – und nicht einseitig »ausgefragt«.

### Fragen üben: Stellen Sie offene Fragen!

Wie soll man nun fragen? Als Faustregel lässt sich festhalten: Fragen Sie möglichst »offen«! Ca. 80 % aller Ihrer Fragen sollten offen formuliert werden.

Besonders zu Beginn eines Gesprächs sind in der Regel offene Fragen zielführender. Denn damit öffnen Sie die Gesprächssituation. Mit offenen Fragen geben Sie ihrem Gesprächspartner die Möglichkeit, den Verlauf des Gesprächs mitzugestalten. Außerdem können Sie mit offenen Fragen eher Neues erfahren.

Geschlossene Fragen führen oft nur dazu, dass Sie Ihre eigenen Vorannahmen bestätigt oder abgelehnt bekommen. Geschlossene Fragen machen aber insbesondere in zwei Situationen auch Sinn: Wenn Sie etwas nicht verstanden haben und eine Klärung herbeiführen wollen (»Du meinst also, dass ...«); oder wenn Sie wollen, dass Ihr Gegenüber eine Entscheidung trifft oder Stellung beziehen soll (»Und, willst Du nun ...«). Oft ist das am Ende eines Gesprächs der Fall. Bildlich gesehen entspricht das ideale Frageverhalten also einem Trichter: weit zu Beginn und eng am Ende.

## Statt geschlossen: »Inwieweit« oder »Inwiefern«

Viele Personen neigen dazu, rund 80 % ihrer Fragen geschlossen zu formulieren. Hier empfehlen wir, sich die Wörter »inwieweit« und »inwiefern« einzuprägen und Fragen versuchsweise einmal mit diesen Wörtern zu beginnen. Sie werden dann sehen: Das Resultat wird immer besser sein als bei einer geschlossenen Frage.

Die meisten dieser »induzierenden« Fragewörter führen schließlich allein durch ihre »Richtung« automatisch zu einer Reflexion (Beispiel: Woran machen Sie fest, dass Ihr Kollege auf Kosten der anderen Teammitglieder agiert?«). Für uns sind sie dadurch eines der zentralen Instrumente für gelungenes Fragen: Denn sie verleiten den Befragten automatisch und reflexhaft dazu, seine eigenen Gedanken und Gefühle zu hinterfragen.

Zum Beispiel eröffnet eine »Woran machen Sie fest, dass ...«-Frage eine Vielzahl von Einstiegsmöglichkeiten, um interne Wahrnehmungs- und Bewertungsprozesse zu thematisieren.

## »Risiken« offener Fragen

Natürlich bergen offene Fragen auch »Risiken«: zum Beispiel, dass man vom Gegenüber einfach »zugetextet« wird und er gar nicht mehr aufhört zu reden. In solchen Situationen können

Sie durchaus aus taktischen Gründen geschlossene Fragen anwenden: Sie zwingen dann Vielredner, sich kurzzufassen und zügiger auf den Punkt zu kommen.

Dennoch: Ein spannendes Gespräch entwickelt sich nur aus offenen Fragen. Gutes Fragen und in der Folge spannende Gespräche sind aber nichts für »Feiglinge«. Denn »Feiglinge«, die sich auf nichts Neues einlassen wollen, stellen nur geschlossene Fragen, um damit in ihrer Sicht der Dinge bestätigt zu werden. Und »Feiglinge« haben auch nicht den Mut, ihren Gesprächspartner gegebenenfalls freundlich, aber entschlossen zu unterbrechen und dem Gespräch durch (offene) Fragen eine neue Richtung zu geben.

*Gute Fragen helfen dabei, sich aus einem Labyrinth von Themen zu befreien.*

4

# Vermeiden Sie die »Warum«-Frage! Weshalb?

*1. Szene:* Eine deutsche Großstadt, ein Hochhaus, der Sitzungsraum des CEO im obersten Stockwert. Um einen Tisch herum sitzen fünf dunkel gekleidete Manager, die Powerpoint-Präsentation ist eben beendet, die Leinwand hebt sich und die Verdunklung ist aufgehoben. Kurzes Schweigen. Alle Blicke ruhen auf dem CEO. Dieser hebt – was charakteristisch für ihn ist – die linke Augenbraue, blickt die Frau, die eben präsentierte, an und fragt: »Warum unterstellen Sie nur 5 % Marktwachstum?«

*2. Szene:* Zwei Hochhäuser weiter, ähnliches Zimmer, ähnlicher Personenkreis, ähnliche Präsentation. Als das Tageslicht wieder den Raum füllt, steht der CEO auf, zieht sein Sakko aus und nimm sich einen Keks. Er blickt nochmals in die Unterlagen vor sich und fragt dann: »Welche Entwicklungen auf unseren wichtigsten Märkten haben Sie unterstellt, bevor Sie auf einen Wert von 5 % Marktwachstum kamen?«

Stellen Sie sich nun vor, Sie seien diejenige, die jeweils gefragt wurde. In welcher Situation möchten Sie als Befragte lieber sein? Wo fühlen Sie sich wohler?

Die Warum-Frage des CEO in der ersten Szene trifft den (wahrscheinlich sofort eingeschüchterten) Mitarbeiter wie ein Pfeil. Schneidend, prägnant, machtvoll. Die Botschaft zwischen den Zeilen ist eindeutig: »Ich habe hier das Sagen – die Zahlen wirken ziemlich dämlich auf mich – und wenn Sie mir nicht in kürzester Zeit eine plausible Erklärung liefern, dann ...«

Ganz anders die zweite Szene: Der Manager verfügt hier zwar über dieselbe (Positions-)Macht. Durch die Art und Weise, wie er die Frage stellt und formuliert, tritt seine Macht jedoch in den Hintergrund. Sie dominiert die Situation nicht. Auch dieser CEO erwartet selbstverständlich eine Erklärung, aber die dahinter liegende Botschaft ist eine völlig andere, nämlich: »Ich nehme an, Sie haben Gründe für diese Zahl, und mich interessiert, welche es sind.«

In der ersten Szene wirkt die Frage wie der Einstieg in ein Kreuzverhör, im zweiten Fall wie die Aufforderung zu einem Gespräch. Und das liegt auch an »Warum«!

## Den großen Unterschied macht die Formulierung der Frage in der »Warum«-Form

Wenn der Polizeibeamte in einem Verhör einem Verdächtigen auf den Zahn fühlen will, dann ist die Frage in der Warum-Form durchaus zielführend. Wenn Sie aber von Ihrem Partner oder einem Mitarbeiter/Kollegen eine Handlung begründet oder erklärt wissen wollen, ist ein »Warum« indes eher fehl am Platz.

> Die Warum-Frage schafft leicht eine verhörmäßige Situation, in der der Befragte meint, er muss sich rechtfertigen. Folglich reagiert er als »Angeklagter« auch so: mit Ausreden, Abwehr, Gereiztheit oder Verteidigung.

## Schlechte Erfahrungen mit »Warum«

Entwicklungspsychologisch rührt die Abwehr von »Warum« wahrscheinlich aus unserer Kindheit, als wir von erlebten Autoritäten (Lehrern, Eltern, Erziehern) schon immer mit Warum-Fragen bedrängt wurden: »Warum kommst Du so spät nach Hause?«, »Warum sind die Hausaufgaben nicht gemacht«, »Warum hast Du Dein Zimmer nicht aufgeräumt«, »Warum benimmst Du Dich noch immer wie ein Kleinkind?«

Ein Nachteil der Warum-Frage: Oft gibt es auf diese Fragen keine finale Antwort. Egal was man auf die Warum-Frage antwortet, der andere kann umgehend mit einer erneuten Warum-Frage darauf reagieren: »Und warum ...?«

## Alternativen zur Warum-Frage

Welche Alternativen gibt es nun zur Warum-Frage?

Ob Sie es glauben oder nicht: Eine erste und gleichzeitig einfache Möglichkeit besteht darin, das »Warum« schlicht durch ein »Weshalb« zu ersetzen. Damit ist zwar noch nichts Weltbewegendes geschehen, aber allein das Wort »weshalb« klingt weniger inquisitorisch als »warum«. (Das ebenfalls alternative »Wieso« scheidet aus, da es – in diesem Kontext – zu kindlich und verspielt wirken kann.)

Noch besser aber ist es, das ungünstige »Warum« durch ganz andere – offenere – Formulierungen zu ersetzen.

### Fragen üben

In der Regel führen Sie kein Verhör durch, wenn Sie von Ihrem Gesprächspartner (Chef, Kollege, Kind, Partner, Freund ...) etwas wissen wollen oder etwas nicht verstanden haben. Bauen Sie deshalb mit Warum-Fragen keinen Druck auf, sondern versuchen Sie einmal, die Warum-Frage durch andere Formulierungen zu ersetzen. Beispielsweise so:

- »Was war denn ausschlaggebend dafür, dass ...?«
- »Welche Umstände führten dazu, dass ...«
- »Was sprach dafür, dass ...?«

- »Was veranlasste/bewegte Dich zu ...?«
- »Was war der Grund für ...?«
- »Was führte dazu, dass ... ?«
- »Wie kam es dazu, dass ...?«
- »Mich interessiert Dein Beweggrund ...«
- »Mich interessiert, aus welchen Gründen Sie sich so entschieden haben.«
- »Was waren denn die Gründe dafür, dass ...?«

Diese – auf das »Warum« verzichtenden – Fragen transportieren eine bestimmte Grundhaltung des Fragenden, die es dem Gegenüber ermöglicht, sich weder angeklagt noch kritisiert zu fühlen. Die Grundhaltung des Fragenden lautet in etwa so: »Ich vermute, es gibt gute Gründe, Umstände, Motive usw., die dazu führten, dass Sie so – und nicht anders – gehandelt haben. Und die würde ich gerne kennenlernen.«

## »Warum« schafft Distanz

Eine solche, auf *wirklichem* Interesse am anderen bestehende Grundhaltung steht in krassem Gegensatz zur hart formulierten Warum-Frage. Denn die unterstellt, auch wenn es nicht so gewollt sei, dem Befragten eine gewisse Unreflektiertheit im Tun.

Wir wagen die Behauptung: Egal in welchem Kontext, sei es beruflich oder privat: Die Warum-Frage ist in 90 % aller Fälle mindestens »suboptimal«! Wer sie durch alternative Fragen ersetzt (Möglichkeiten hierzu siehe oben), kann damit keinen Fehler, dafür aber vieles besser machen.

Versuchen Sie es einfach und beobachten Sie die Wirkung bei Ihrem Gegenüber!

5

# Suggestiv, oder: Vom Sündenfall aller Fragen

Situation: Führungskraft trifft Mitarbeiter zufällig auf dem Gang. Folgendes Gespräch entwickelt sich.

Führungskraft: »Schön, Sie zu sehen. Und ...? Sie kommen mit der neuen Aufgabe gut zurecht?«

Mitarbeiter: »Ja, natürlich, es klappt schon ...«

Führungskraft: »Ja, schön, ich wusste schon von Anfang an, dass Sie das packen. Ich sehe, Sie lassen Sich doch von den üblichen Anfangsproblemen nicht abschrecken, oder?«

Mitarbeiter: »Nein, das nicht gerade, aber ...«

Führungskraft: »Ja eben, man muss sich einfach durchbeißen. Ich denke, nach anfänglichen Problemen haben Sie das hoffentlich im Griff gehabt, oder?«

Mitarbeiter: »Ja, schon, wobei ...«

Dieser Dialog mag ein wenig überspitzt wirken, in der Realität spielen sich solche oder ähnliche Szenen aber laufend ab. Wahrscheinlich meint es die Führungskraft gar nicht böse. Sie hat es gerade eilig, da sie zum nächsten Meeting muss. Sie trifft den Mitarbeiter zufällig auf dem Gang und möchte die Gelegenheit nutzen, von ihm etwas zu erfahren. Dabei will sie auch motivierend wirken, aber um Gottes Willen sich mit keinen neuen Problemen beschäftigen. Also »fragt« sie so, dass der andere im Grunde genommen nur bestätigen kann, suggestiv also.

»Suggestiv« bedeutet, dass bereits in der Frage eine erwünschte (bzw. erwartete oder vermutete) Antwort vorgegeben wird. »Findest du nicht auch, dass ...?« ist eine weitere, leider gängige Formulierung, mit der eine Suggestivfrage oft eingeleitet wird.

## Suggestive Fragen sind so etwas wie der Super-GAU, ein wirklicher Sündenfall der Fragetechnik

Denn:

- Mit suggestiven Fragen erfährt man als Fragender in aller Regel nichts Neues. Man erhält vielmehr genau die Antwort, die man mit der Frage schon vorgibt – also das, was man als Antwort hören will.
- Dabei übt man aber auf sein Gegenüber (subtil) Druck aus – nämlich im Appell an den Befragten, doch bitte in der gewünschten Richtung zu antworten.
  Als Folge fühlt sich der Gesprächspartner – im besten Falle – etwas bedrängt, weitaus öfter aber nicht ernst genommen. Nicht wenige merken auch, dass sie im Grunde genommen manipuliert werden.

Suggestive Fragen wirken also in aller Regel kontraproduktiv: Auf der Sachebene informationsverschleiernd, und auf der zwischenmenschlichen Ebene beziehungsgefährdend.

## Woran erkennt man nun suggestive Frage-Formulierungen?

- Im einfachsten Falle sind es geschlossene (Ja/Nein-)Fragen, die schon vom Inhalt her keinen Zweifel daran lassen, was der Fragende hören will. (»Und ...? Sie kommen mit der neuen Aufgabe gut zurecht?«)
  Eine Alternative wäre hier, die Frage offen zu formulieren: »Wie kommen Sie denn mit der neuen Aufgabe zurecht?«

- Ein untrügliches Kennzeichen suggestiver Formulierungen sind jedoch bestimmte Schlüsselwörter. Im Fachjargon nennt man diese Signale Modalwörter, wie z. B. das Wort »doch« in unserer Eingangsszene: »Sie lassen sich *doch* von den üblichen Anfangsproblemen sicher nicht abschrecken?«

## Signalwörter in Suggestivfragen

Weitere Beispiele für solche Wörter (in Fragen) sind: *bestimmt, etwa, glücklicherweise, hoffentlich, leider, natürlich, oder etwa nicht?, schon, selbstverständlich, überhaupt, vermutlich, wahrscheinlich, wirklich, …*

Diese Wörter wirken selbstredend nicht immer in jeglicher Situation gleichermaßen suggestiv. Zweifelsfrei gibt es hier auch Ausnahmen. Aber in der Regel verleiht ihre Verwendung einer Frage einen manipulativen Charakter. Wenn auch so vielleicht gar nicht beabsichtigt.

Einen wichtigen Zusatz-Aspekt haben wir bislang noch nicht erwähnt: Die Bedeutung von Stimme und Körpersprache beim Stellen von Fragen. Deren Einfluss kommt verstärkend hinzu und verleiht oft allein schon einer »normalen« Frage einen hoch suggestiven Charakter (z. B. ein Stirnrunzeln, stechender Blick oder eine angehobene Stimme).

## Was kann man nun gegen suggestive Fragen tun?

Bevor Sie sich als derjenige, an den eine Suggestivfrage gerichtet wird, gegen diese Manipulation wappnen, sollten Sie sich zunächst *als Fragender* an die eigene Nase fassen und Ihr eigenes Frageverhalten einmal kritisch überprüfen. Achtung: Besonders Personen in leitender Funktion, sprich Führungskräfte, neigen dazu, die eigene Sichtweise unhinterfragt als die einzig wahre und richtige zu sehen. Folglich versuchen sie, oft auch unbewusst, ihre eigene Sicht der Dinge anderen Menschen »motivierend« nahezubringen.

Erfahrungsgemäß kann Ihr Gegenüber aber gut auf Suggestivfragen verzichten. Wer fühlt sich schon gerne durch eine Frage in eine Ecke, oder zumindest in eine bestimmte Richtung gedrängt. Fragen sollten niemals so gestellt sein, dass sie den Befragten in eine bestimmte Richtung beeinflussen. Achten Sie also künftig darauf, Ihre Fragen möglichst »neutral« zu stellen.

### Fragen üben

Anstelle von Suggestivfragen sollten Sie entweder eine offene Frage formulieren (»Wie beurteilen Sie ...«) oder *Ihre* Sicht der Dinge offen als Aussage voranstellen – und nicht als Frage maskieren. Zum Beispiel: »Ich vermute, Sie kommen in dem Projekt zurecht. Aber wie erleben Sie denn selbst das Projekt?« Weitere Beispiele:

- *Suggestivfrage:* »Solltet Ihr Euch als besorgte Eltern nicht für feste abendliche Rückkehrzeiten Eurer pubertierenden Kinder entscheiden?« (Suggestion: Elterliche Verantwortung erfordert feste Rückkehrzeiten der Kinder.)
  *Gute Alternative:* »Wie regelt Ihr denn, wann Eure Kinder abends nach Hause kommen?«
- *Suggestivfrage:* »Ist das wirklich Ihr Ernst, dass Sie Ihrem unzuverlässigen Teammitglied Herrn Meier noch eine weitere Chance geben wollen?« (Suggestion: Der Befragte hat sich das nicht gut überlegt.)
  *Gute Alternative:* »Was waren Ihre Gründe, Herrn Meier noch eine weitere Chance zu geben?«
- *Suggestivfrage:* »Unterstützen Sie die Argumentation von Frau Peters oder die von Herrn Böhm?« (Suggestion: Der Befragte kann sich nur einer der beiden Positionen anschließen, er kann nur A oder B sagen.)
  *Gute Alternative:* »Wie ist denn Ihre Meinung zu den unterschiedlichen Argumenten von Frau Peters und Herrn Böhm?«

- *Suggestivfrage:* »Wie gut gefällt Ihnen mein Vorschlag?« (Suggestion: Der Vorschlag ist gut, fragt sich nur, wie gut ...)
  *Gute Alternative:* »Was halten Sie von meinem Vorschlag, was fällt *Ihnen* dazu ein?«
  *Noch bessere Alternative:* »Welche Gründe sprechen aus Ihrer Sicht möglicherweise gegen meinen Vorschlag?«

## Wie auf Suggestivfragen reagieren?

Als *Befragter* hängt die Reaktion auf Suggestivfragen natürlich von der jeweiligen Situation ab. Wird man von dem für seine Selbstherrlichkeit bekannten Vorstandsvorsitzenden suggestiv gefragt, sollte man – sofern man keinen reichen Erbonkel in Kuwait hat – vielleicht besser gute Miene zum bösen Spiel machen. Und brav in die gewünschte Richtung antworten.

Anders hingegen stellt sich die Situation dar, wenn man einem im besten Sinne des Wortes souveränen Chef oder einem guten Kollegen gegenübertritt. Was können Sie nun bei Suggestivfragen tun?

- Entweder Sie überhören die Suggestion und antworten unbeeinflusst offen und ehrlich, indem Sie die Unterstellung zuerst negieren: »Nein, ehrlich gesagt komme ich mit dem Projekt nicht so gut zurecht, weil ...«
- Oder Sie reagieren mit einer Gegenfrage: »Darf ich fragen, wie Sie darauf kommen, dass ich ...«
- Oder Sie thematisieren den suggestiven Charakter der Frage direkt: »Die Frage klingt für mich so, als ob Sie meinen, die Antwort schon zu kennen ...«
- Oder Sie reagieren »cool/flapsig«: »O. K., wollen Sie jetzt eine ehrliche Antwort oder die, die Sie hören wollen?«

Egal wie Sie reagieren: Sie kommen nur dann, wenn Sie eine Suggestivfrage ins Leere laufen lassen, in einen richtigen anstatt in einen Scheindialog. Deshalb unser Ratschlag: *Lassen Sie Ihrem Gegenüber niemals eine Suggestivfrage durchgehen!*

Sie haben (siehe oben) ein großes Repertoire an Möglichkeiten, je nach Situation und Kontext oder Person Ihres Gegenübers, auf Suggestivfragen angemessen und gegebenenfalls auch mit Raffinesse und Witz zu reagieren.

Natürlich gibt es auch (wenige) Ausnahmesituationen, in denen suggestive Fragen nicht schädlich sind. Zum Beispiel wenn der Chef nach einem erfolgreichen Projektabschluss seine Mitarbeiter fragt: »Wollen wir denn wirklich nach solch einem Tag alle hungrig nach Hause gehen?«, und anschließend zum nahegelegenen Nobel-Italiener einlädt. Das sind aber eher die angenehmen Ausnahmen vom »Suggestivfragen-Tabu«. Diese fallen eher unter die Rubrik Humor.

## Können Suggestivfragen nicht auch zielführend sein?

Sie werden im Internet vielleicht einige Autoren finden, die die potenziellen Vorteile von Suggestivfragen hervorheben. Insbesondere im Marketing und in Situationen, in denen Sie anderen etwas verkaufen wollen. Denn hier ist die subtile Beeinflussung ja das Ziel Ihrer Fragen. Beispiel: »Sie sind doch gewiss auch davon überzeugt, dass gerade bei diesem Produkt die Qualität im Vordergrund stehen muss?«

O. K.! Wenn Sie im Vertrieb arbeiten und in diesem Kontext Suggestivfragen für ein zielführendes Mittel halten, versuchen Sie es einfach. Wir möchten Sie keinesfalls davon abhalten. Nur sollten sie vielleicht bedenken:

- Suggestivfragen können bei zu hohem Druck, insbesondere bei potenziellen Kunden, wie eine Drohung wirken.
- Ihr Gegenüber wird eventuell nicht ehrlich antworten und Notlügen einsetzen.

- Im geschäftlichen Kontext besteht die Gefahr, dass der Kunde durch Suggestivfragen sich manipuliert fühlt.
- Suggestivfragen können zu vermeidbaren Kontroversen führen und dann zum Abbruch des Gesprächs.

Letztendlich müssen Sie eine Entscheidung treffen: Möchten Sie Ihr Gegenüber direkt in eine gewünschte Richtung beeinflussen, werden Sie möglicherweise Suggestivfragen einsetzen. Dann aber vorsichtig: Sie sollten immer die potenziell negativen Folgen reflektieren.

Ist Ihnen dagegen wirklich an der Meinung Ihres Gegenübers gelegen, verzichten Sie unbedingt auf Suggestivfragen! Dann stehen diese konträr zu Ihrem Ziel.

Gute Fragen öffnen Welten.

6

# Fragen ohne Zuhören: Wie Topf ohne Deckel

Die Kollegen Müller und Schmidt treffen sich auf dem Weg zur Arbeit:

Müller: »Ich habe gehört, Sie waren zwei Wochen in Urlaub. Wo waren Sie denn?«

Schmidt: »Ach ja, wir waren in Norddeutschland zum Radfahren. Wir hatten aber mit dem Wetter großes Pech.«

Müller: »Aber in aller Freundschaft, das war doch absehbar, dass der Sommer in den ersten beiden Ferienwochen vor allem im Norden total verregnet sein wird, oder? Meine Frau und ich planen wegen dem Klimawandel, dem Auf und Ab beim Wetter, nur noch sehr kurzfristig.«

Schmidt: »Ja, aber so extrem wie dieses Jahr haben wir es noch nie erlebt. Gott sei Dank war wenigstens das Hotel spitze.«

Müller: »Ja, ist auch gut so, dass Sie sich endlich mal was Anständiges gönnen, man sollte nicht immer nur auf den Preis achten ...«

Dieser kleine Dialog leitet ein wichtiges Thema ein, das eng mit gutem Fragen verknüpft ist: gutes Zuhören. Gutes Zuhören gehört nämlich zum guten Fragen wie der Deckel zum Topf. Ohne intensives Zuhören verpufft jede Frage irgendwo im Raum.

Aber Zuhören ist nicht gleich Zuhören, das erleben Sie ja hautnah in dem obigen Dialog. Denn offenbar hört Herr Schmidt, der einen verregneten Urlaub erlebt hat, seinem Kollegen ja zu, reagiert auf dessen Frage. Aber was macht Müller? Gleich mit seiner zweiten Frage kritisiert er seinen Kollegen, weil dieser (scheinbar) zu langfristig plant. Gleichzeitig hebt er voller Stolz sein eigenes, viel klügeres Verhalten hervor. Im weiteren Dialog (gutes Hotel) kritisiert Herr Müller zwar nicht direkt, er lobt aber etwas gönnerhaft von oben herab. Und was er definitiv nicht gemacht hat: seinem Kollegen zugehört.

Denn »richtig« Zuhören heißt, auf die Antwort des Gesprächspartners Bezug nehmen, ohne diese vorschnell zu bewerten. Wer wirklich zuhört, distanziert sich eine Weile von den eigenen Sichtweisen und richtet seine volle Aufmerksamkeit stattdessen auf den Gesprächspartner.

## Zuhören ist keine leichte Übung

Wirkliches Zuhören ist keine leichte Angelegenheit. Wer von uns hat den Satz »Du hörst mir gar nicht richtig zu! ...« nicht schon zig mal im Leben gehört? Nicht zuhörende Zeitgenossen sind keine Ausnahmeerscheinung. Wir befürchten sogar, sie sind eher die Regel, von der es glücklicherweise auch Ausnahmen gibt. Dabei ist ein nichtzuhörendes Gesprächsverhalten in den seltensten Fällen böse gemeint. Nur hängen die Menschen viel zu sehr und viel zu gerne in ihrer eigenen Gedankenwelt. Sie kreisen gedanklich um sich selbst. Dieses Kreisen lässt nicht zu, sich aufmerksam und unvoreingenommen dem Gegenüber zu widmen.

Insbesondere Führungskräften wird im beruflichen Kontext nachgesagt, schlechte Zuhörer zu sein. Um genau zu sein: Es wird ihnen nicht nur nachgesagt, sondern auch attestiert. In vielen Umfragen heben Mitarbeiter immer wieder diesen einen kritischen Punkt hervor: Ihre Chefs könnten nicht wirklich zuhören.

Was nun hat Zuhören mit dem Thema dieses Buches, nämlich »Fragen« zu tun? Die Brücke zwischen beiden liegt auf der Hand: Wer fragt, bekommt in der Regel auch eine Antwort. Wenn Sie als Fragender aber die Antwort nicht wirklich verstanden haben, weil Sie nicht mit 100 % Ihrer Aufmerksamkeit zuhörten, nutzt Ihnen auch Ihre noch so gute Anschlussfrage nicht mehr viel. Die Wahrscheinlichkeit ist sehr groß, dass Sie und Ihr Gesprächspartner fortan aneinander vorbeireden werden. Deshalb: *Gutes Zuhören ist die Grundlage für gutes Fragen.*

## Schlechte Zuhörer sind auch schlechte Frager

Und wer die eine Disziplin nicht beherrscht, wird sich absehbar auch mit der anderen schwertun. In Fortbildungen und Seminaren mit Führungskräften machen wir immer wieder die Erfahrung, dass diejenigen, die nicht wirklich gut fragen können, auch keine guten Zuhörer sind.

Wir empfehlen Ihnen deshalb an dieser Stelle, mindestens die gleiche Energie, die Sie vielleicht zukünftig in Ihr verbessertes Frageverhalten investieren, ebenso ins Zuhören-Lernen zu stecken.

## Wie funktioniert gutes Zuhören?

Ein zentraler Begriff wirklichen Zuhörens lautet *aktives Zuhören*. Aktives Zuhören unterscheidet sich vom »normalen« Zuhören dadurch, dass man dem Gegenüber erstens (aktiv) zeigt, dass man ihm gerade seine volle Aufmerksamkeit widmet, und dass man zweitens bei den eigenen Bemerkungen oder eigenen Nachfragen jede eigene *Bewertung vermeidet*.

Aktives Zuhören ist Technik und Einstellung zugleich:

- *eine Einstellung,* weil aktives Zuhören eine gewisse innere Grundhaltung, eine Wertschätzung des Gesprächspartners voraussetzt,

- *eine Technik,* weil es verschiedene regelhafte und erlernbare Verhaltensweisen gibt, die man beim Zuhören einsetzt. Einige davon möchten wir Ihnen kurz vorstellen:

*Nonverbale Aufmerksamkeitsreaktionen*
Durch kleine Signale wie Kopfnicken, Veränderung der Kopfneigung, Hand- und Armbewegungen wird dem Sender einer Botschaft signalisiert, dass man ihm gerade zuhört.

*Verbale Aufmerksamkeitsreaktionen*
Das sind einsilbige Zuhörens-Bekundungen wie »hm«, »ja«, »so«, »O. K.« ... Hier kommt es auf die richtige Dosierung und Natürlichkeit an. Denn Achtung: Permanentes »ja, ja, ... O. K.« wirkt eher gekünstelt und aufgesetzt.

*Nachfragen*
Mit gezieltem Nachfragen stellt man sicher, dass man den Sprecher korrekt verstanden hat. Beispiele:
- »Was verstehen Sie unter ...?«
- »Wie meinen Sie das genau?«
- »Heißt das, dass Sie ...«

*Paraphrasieren*
Eine Paraphrasierung ist die Wiederholung des Gehörten mit eigenen Worten. Der Zuhörende bringt also nicht gleich seine eigene Position oder Bewertung ein, sondern versucht, das eben Gehörte noch einmal mit eigenen Worten wiederzugeben.

Beispiele, bezogen auf den Eingangsdialog zwischen Herrn Müller und Herr Schmidt – »... mit dem Wetter großes Pech ...«:
- »Das heißt, sie hatten gar keine Sonnentage?«
- »Ach, war es durch die Bank regnerisch?«

Die Technik des Paraphrasierens liest sich einfach, erfordert in der Praxis aber viel Erfahrung und Feingefühl: Es kommt immer auf die richtige Dosierung und Wortwahl an. Ein »Zuviel« davon kann leicht papageienhaft wirken.

*Verbalisieren*

Beim Verbalisieren geht man einen Schritt weiter: Das heißt, man spricht die Gefühle an, die man hinter der Aussage des Gesprächspartners vermutet.

- »Das war bestimmt ärgerlich für Sie ...«
- »Oje, ja, das kann nerven!«

Aber Vorsicht, wir begeben uns hier auf das Feld der Deutung und Interpretation, d.h. wir können auch danebenliegen. Das macht aber nichts – solange Sie nicht fest auf Ihrer Meinung beharren und/oder Ihr Gegenüber zu überzeugen versuchen.

Sie sind skeptisch angesichts von so viel »Psycho-Technik« im Gespräch? Das können wir verstehen. Aber passen Sie das nächste Mal genau auf, was Ihr bester Freund oder Ihre beste Freundin – bei der Sie vielleicht das Gefühl haben, sie ist die beste Zuhörerin der Welt –, was diese Freundin genau macht, wenn Sie mit Ihren Sorgen und Nöten zu ihr kommen. Wir sind ziemlich sicher: Diese Person fragt viel und hört einfach zu. Möglicherweise auch mit den oben genannten Techniken.

Richtiges Zuhören gehört also zum Fragen wie der Deckel zum Topf. Von Management-Vordenker Stephen R. Covey stammt der wunderschöne Satz: »Die meisten Menschen hören nicht zu, um zu verstehen, sondern um zu antworten.« Deshalb: Wir sollten *zuerst zuhören, erst dann fragen, erst dann antworten.*

## Zuhören üben: Mit Fragen und Paraphrasieren!

Gutes Zuhören ist immer eine aktive Strategie. Sie sollten Zuhören nicht mit Schweigen verwechseln. Gute Zuhörer fragen nach, wenn sie etwas nicht verstanden haben, und wiederholen dabei mit eigenen Worten, was sie verstanden haben.

Beispiele für *aktives Zuhören mit Fragen:*

- »Sie finden also, dass ...?«
- »Meinen Sie, dass ...?«
- »Klingt interessant, können Sie mir mehr dazu sagen?«
- »Also, Sie sagen ...?«
- »Verstehe ich Sie richtig, dass ...?«
- »Mit anderen Worten, Sie sind der Meinung ...?«

Beispiele für *aktives Zuhören mit Paraphrasieren:*

- »Wenn ich Sie richtig verstehe, meinen Sie ...«
- »Mir ist nicht klar, ob ich Sie richtig verstanden habe ...«
- »Was ich noch nicht verstanden habe, ist ...«
- »Das hört sich so an, als ob ...«
- »Mir ist aufgefallen, dass ...«
- »Ich höre heraus, dass ...«
- »O.K., für mich noch mal zur Klarheit, Sie haben ...«

Achtung: Wer Zuhören lernen will, braucht Selbstdisziplin. Gut Zuhören lernt man nicht von heute auf morgen. Das größte Hindernis in dem Lernprozess des Zuhörens ist das eigene Ego. Wir kreisen meistens um uns selbst herum. Wer lernen will, gut zuzuhören, muss dieses Ego (zumindest beim Akt des Zuhörens) weitgehend ausschalten und den Gesprächspartner ins Zentrum seiner Aufmerksamkeit rücken lassen. Zuhören heißt, sich selbst zurückzunehmen und in die Welt des anderen einzutreten. Hierfür muss man innerlich bereit sein. Sind wir es nicht, werden wir nie *wirklich* zuhören.

7

# Wie bitte? Mit Gegenfragen elegant »kontern«

Zwei Projektmitarbeiter sitzen zusammen und tauschen sich über den aktuellen Stand aus. Entgegen der ersten Planung – und entgegen Kundenzusagen – zeichnet sich nun eine Verzögerung von ca. drei Monaten ab.

Schulze: »Warum haben Sie mich erst gestern Abend darüber informiert?«
Frisch: »Ich habe erst kurz zuvor erfahren, dass unser Lieferant in Vietnam Probleme bei der Fertigung hat.«
Schulze: »Ach ja, und das haben Sie wirklich erst gestern erfahren?«
Frisch: »Ähm ja, er schickte mir gegen 15.30 Uhr die Mail. Und daraufhin habe ich Sie gleich informiert.«
Schulze: »Und Sie haben das wirklich nicht früher gewusst?«
Frisch: »Wie soll ich Ihre Frage verstehen?«

Herr Frisch verhält sich mit seiner letzten Frage richtig und elegant: Er bemerkt, dass sein Kollege ihn mit seinen vorwurfsvoll-suggestiven Fragen in eine bestimmte Ecke drängen will. Und reagiert darauf mit einer Gegenfrage.

Gegenfragen sind »defensive« Sprachmuster, mit denen man sich gegen unangenehme oder allzu bedrängende Fragen verteidigen kann. Eine Gegenfrage zu stellen ist eine relativ elegante

Form der Verteidigung. Es ist sozusagen die allererste Eskalationsstufe, mit der man seinem Gegenüber zum Ausdruck bringen kann: »Hoppla, was passiert denn da gerade, ich verstehe das nicht, und: Ich möchte das nicht.«

## Elegant verteidigen

Eine Gegenfrage spricht die erlebte Situation direkt an und vermeidet eine »Eskalation« des Gesprächs. Sie bringt – je nach Formulierung – zum Ausdruck, dass man mit der gestellten Frage »ein Problem hat« und man die Frage so, wie sie gestellt wurde, nicht ohne Weiteres beantworten will.

Nun gibt es natürlich nicht nur die eine einzig passende Gegenfrage. Es lassen sich eine Vielzahl von Gegenfragen formulieren, die im Kern alle denselben Unwillen ausdrücken, auf die gestellte Frage direkt zu antworten. Direkt zu antworten bedeutet, dass es sehr wohl Umstände – hier Antworten bzw. Erklärungen seitens des Fragenden auf die Gegenfrage – geben kann, die dann das Antworten ermöglichen.

Nachfolgend (siehe »(Gegen-)Fragen üben«) finden Sie eine Liste mit Formulierungsvorschlägen für Gegenfragen. Welche Formulierung Sie wählen, hängt von mehreren Faktoren ab:

- von Ihrer allgemeinen Beziehung zum Fragenden (freundschaftlich kollegial bis hin zu generell angespannt),
- vom bisherigen Verlauf des Gesprächs (wohlwollend bis provokant),
- vom Ton, in dem die Frage gestellt wird (offen oder anklagend),
- von Ihrer eigenen Laune und Motivation (deeskalierend oder eskalierend).

Die Formulierungen sind so geordnet, dass die »harmloseste« Gegenfrage ganz oben steht: Ein »Wie bitte?« ist fast schon neutral, da kann man auch etwas nicht richtig verstanden haben oder sich vergewissern, dass man es auch richtig gehört hat.

Absteigend werden die Formulierungen also sukzessive »konfrontierender«. Das heißt, der Grad der Überraschung bzw. Irritation des Befragten über die Frage wird immer deutlicher. Bis es bei der letzten Beispielfrage schon auch in Richtung Eskalation geht.

### (Gegen-)Fragen üben

Mit folgenden Fragen können Sie »gegen«-fragen, wenn Sie sich bei einer an Sie gerichteten Frage nicht wohlfühlen:

- »Wie bitte?«
- »Oh, mit dieser Frage habe ich nicht gerechnet!«
- »Wie meinen Sie das?«
- »Wie soll ich Ihre Frage verstehen?«
- »Wie kommen Sie auf diese Frage?«
- »Was ist der Hintergrund Ihrer Frage?«
- »Was ist denn der Zweck Ihrer Frage?«
- »Was veranlasst Sie zu dieser Frage?«
- »Worauf wollen Sie mit dieser Frage eigentlich hinaus?«
- »Warum stellen Sie mir diese Frage?«
- »Wie kommen Sie dazu, mir diese Frage zu stellen?«
- »Sie glauben, ein Recht darauf zu haben, mir eine solche Frage zu stellen?«

Unsere Empfehlung: Wenn Sie eine Gegenfrage stellen möchten, steigen Sie mit einer der oberen drei Gegenfragen oder ähnlichen Fragen ein: Denn diese stellen keinen »Angriff« dar, sondern vermitteln Ich-Botschaften – also Formulierungen, mit denen Sie die Wirkung der Frage Ihres Gegenübers auf sich selbst thematisieren. Nur für den Fall, dass Ihr Gegenüber immer wieder mit unangenehmen Fragen löchert, können Sie je nach Situation und Kontext auch stufenweise »eskalieren«.

## Systematik Gegenfragen

Wer beim Thema Gegenfragen nach einer Systematik sucht, dem bieten wir hier noch zehn grundsätzliche Methoden der »Gegenfragetechnik« an.

Ein Beispiel: Sie sind Führungskraft und werden jetzt von einer anderen Person gefragt: »Welchen Führungsstil praktizieren Sie gegenüber Ihren Mitarbeitern?«
Jetzt können Sie folgende Schemata/Methoden von Gegenfragen einsetzen:

1. *Unschuldsmethode:* Fragen Sie Ihren Gesprächspartner: »Wie meinen Sie das?«, »Wie kommen Sie auf diese Frage?«
2. *Informationsmethode:* Erfragen Sie präzise Informationen von Ihrem Gesprächspartner: »Was ist denn/war denn jetzt der Anlass für Ihre Frage?«
3. *Positive Rückgabemethode:* Geben Sie die gleiche Frage in höflichem Wortlaut zurück: »Darf ich zunächst fragen, wie *Sie* Ihre Mitarbeiter führen?«
4. *Negative Rückgabemethode:* Stellen Sie in etwa die gleiche Frage, aber mit negativem Wortlaut: »Haben Sie selbst überhaupt Mitarbeiter, die Sie führen können?«
5. *Definitionsmethode:* Lassen Sie den Gesprächspartner bestimmte Aussagen definieren und präzisieren: »Was verstehen Sie denn unter einem Führungsstil?«
6. *»Hörfehlermethode«:* Fragen Sie höflich: »Wie bitte? Könnten Sie Ihre Frage vielleicht kurz erläutern?«
7. *Alternativmethode:* Bieten Sie eine Alternative: »Meinen Sie jetzt den praktizierten Führungsstil aus meiner Sicht oder aus Sicht meiner Mitarbeiter?«
8. *»Gagamethode«:* Wenn Sie sich nicht zu helfen wissen, fragen Sie mit einem leichten Augenzwinkern: »Können Sie mich nichts Leichteres fragen?«
9. *Rückstellmethode:* Zum Beispiel, wenn Sie einen Vortrag halten (Achtung: Ein- oder höchstens zweimal können Sie auch eine Frage zurückstellen. Danach müssen Sie unbe-

dingt Stellung nehmen, da Sie sonst unglaubwürdig wirken): »Darf ich darauf später eingehen?«, »Gönnen Sie mir zu dieser Fragen noch eine kleine Nachdenkpause?«

10. *Verwirrmethode:* »Glauben Sie im Ernst, dass es nur einen Führungsstil gibt, den ich in jeder Situation durchziehe?« Diese Methode verwirrt den Gesprächspartner und zwingt ihn, seine Frage erneut oder anders zu stellen.

## Selbst auf (zu viele) Gegenfragen reagieren

Vielleicht fühlen Sie sich nicht durch eine Frage Ihres Gegenübers in die Enge gedrängt, sondern Sie sind selbst der Fragende und merken, dass Ihr Gegenüber Ihren Fragen ständig mit Gegenfragen auszuweichen versucht. Denn mitunter gibt es Zeitgenossen, die sich einen Spaß daraus machen, jedes Gespräch oder jede wohlgemeinte Frage mit Gegenfragen außer Kraft setzen zu wollen. Was machen Sie dann?

Wir empfehlen in dieser Situation, genau dies zu thematisieren und zu fragen, was die Absicht dahinter ist. Zum Beispiel: »Ich merke gerade, wie Sie auf jede Frage von mir mit einer Gegenfrage reagieren. Mich wundert das, und ich würde gern ihre Absicht verstehen.« So zwingen Sie Ihr Gegenüber auf sanfte Art und Weise, mit der Strategie vieler Gegenfragen aufzuhören.

# 8 In der Kürze liegt die Würze

Im Bewerbungsgespräch sitzt der Bewerber zwei Repräsentanten der Firma aus der Reisebranche gegenüber: seinem zukünftigen Chef und der Personalleiterin. Nach dem relativ kurzen Warming-up stellt der Abteilungsleiter eine erste Frage:

Abteilungsleiter: »Wie ich aus Ihren Unterlagen ersehe, haben Sie ja in den letzten fünf Jahren für insgesamt drei verschiedene Reiseveranstalter in Italien gearbeitet. Einer hatte den Sitz in Oberitalien, da spricht man ja oft Deutsch, aber zwei in Süditalien, südlich von Rom. Zudem waren das ganz verschiedene Hotels von der Kategorie her: Zwei waren einer Mittelklasse und eines absolutes Luxussegment. Wie kamen Sie zu der Entscheidung, nach Italien zu gehen – auch vor dem Hintergrund der Sprache –, und wie haben Sie das mit der Familie gemacht? Ihrem Lebenslauf entnehme ich, dass Sie drei Kinder haben, und es ist ja nicht ganz so einfach, mit einer großen Familie von heute auf morgen umzuziehen. Zudem ergeben sich ja auch Probleme mit der Schule. Es gibt ja nicht überall deutschsprachige Schulen.«

Bewerber: »Hm, ich bin zweisprachig aufgewachsen, da meine Mutter aus Italien kommt, mein Vater stammt aus einer Hoteliers-Familie aus Florenz. Ich bin schon als Kind ...«

Man weiß nun nicht, was der Bewerber noch alles von sich aus berichten wird, denn als Antwort auf diese Frage kann er erzählen, was er will. Aber: Ein Erkenntnisgewinn des Abteilungsleiters darf bezweifelt werden. Er thematisiert in seiner Frage zwar eine Vielzahl wichtiger Themen: Die drei Stellenwechsel, die verschiedenen Hotelkategorien, die Fremdsprache etc. ... Der Bewerber kann sich aber völlig frei einen Aspekt aussuchen. Wahrscheinlich den, der ihm gerade am gelegensten kommt.

Denn die Fragen des Abteilungsleiters weisen mehrere Fehler auf einmal auf: Sie sind viel zu lang und beinhalten zu viele Bezüge. Wobei beide Aspekte unmittelbar zusammenhängen.

## Gute Fragen sind kurz

Ausschlaggebend für die Wirkung einer Frage ist vor allem ihre Länge. Vereinfacht können Sie sich merken: Je kürzer eine Frage ist, umso besser ist sie in aller Regel auch. In der Kürze liegt die Würze – auch beim Fragen.

Je kürzer, umso besser. Klar, dies gilt nicht nur für Fragen – und nicht nur für Einstellungsgespräche. Aber hier wird es besonders deutlich: Denn man hat ja eine bestimmte Absicht und möchte eine bestimmte Information erhalten – man will (zumindest in der oben dargestellten Situation) keine Lyrik als Antwort bekommen, sondern konkrete Angaben.

*Wichtig:* Unsere Aussagen sind generell umso verständlicher, je kürzer wir sie fassen. Was genau dies zahlenmäßig in Wörtern bedeutet, lässt sich nicht universell beziffern. Als Richtwerte lassen sich dennoch folgende Werte nennen:

- Kurze Sätze umfassen zwischen 6 und 8 Wörter.
- Mittellange Sätze bestehen aus 9 bis 22 Wörtern.
- »Wirklich« lange Sätze umfassen 23 Wörter und mehr.
- Und alles über 35 Wörter fällt nicht selten in die Kategorie: komplexe Monologe unausgelasteter oder selbstverliebter Möchtegern-Philosophen.

## Orientierung: Eine gute Frage hat (plus minus) sieben Wörter

Unsere These in diesem Zusammenhang lautet: *Die ideale Frage umfasst circa sieben Wörter.* Sie ist orientiert an der Grundstruktur der deutschen Sprache (Subjekt, Prädikat, Objekt).

Man kann de facto jede Frage mit einem Sieben-Wort-Satz formulieren. Und, was genauso wichtig ist: Man kann kaum zwei Fragen in einem Satz mit sieben Wörtern unterbringen.

Aber warum stellen wir so oft zu lange Fragen – und damit verbunden oft Mehrfachfragen?

- Wir beginnen oft einfach zu fragen, ohne uns zu überlegen, was wir genau wollen,
- und während der Frage fällt uns dann ein, was wir sonst noch fragen könnten.
- Oft sind wir uns auch nicht sicher, ob unser Gegenüber genau versteht, was wir wollen, und wir umschreiben es daher doppelt und dreifach.

### Fragen üben: Fokussieren!

So können Sie zu lange Fragen verhindern und damit wesentlich effizienter fragen:

- Überlegen Sie sich, *bevor* Sie eine Frage stellen, eine Strategie, und zerlegen Sie das Problem in mehrere, kleine »Frage-Portionen« (Fokus).
- Formulieren Sie je Frage-Fokus eine eigene Frage.
- Beschränken Sie sich dabei bei jeder Frage möglichst jeweils auf fünf bis zehn Wörter.
- Haben Sie eine Frage gestellt, schweigen Sie anschließend, und hören Sie zu.

Natürlich kann es notwendig sein, auch längere Fragen zu formulieren, z. B. wenn man ein Thema bewusst und ganz gezielt einengen will. Dann wird nach der Einleitung eine kurze Pause gemacht (1 Sekunde), und die folgende Frage wird als solche benannt:

Abteilungsleiter: »Wie ich aus Ihren Unterlagen ersehe, haben Sie ja in den letzten fünf Jahren für insgesamt drei verschiedene Reiseveranstalter in Italien gearbeitet. Einer hatte den Sitz in Oberitalien, zwei in Süditalien, südlich von Rom.

*(kurze Pause)*

Wie kam es zu den Stellenwechseln?«

Bewerber: »Also …«

Das alles gilt natürlich nicht nur für Einstellungsgespräche, sondern für alle Formen von Gesprächen im privaten und beruflichen Alltag.

In Einstellungsgesprächen kommt es einem Arbeitgeber jedoch besonders teuer zu stehen, wenn er nicht erfährt, was er wissen wollte, sondern der Gesprächspartner seinerseits bestimmt, worauf er antwortet und worauf erstmal auch nicht.

## Fragen Sie nacheinander

Aber auch im privaten Kontext erfahren Sie wesentlich mehr von Ihrem Gegenüber, wenn Sie nicht zwei oder drei Fragen in eine Frage packen, sondern stattdessen nacheinander fragen.

Beispiel: »Wie geht es Dir, und vor allem: Wie geht es in dieser schwierigen Situation auch Deinem Mann?«

Ihre Freundin weiß nun nicht, wofür Sie sich mehr interessieren: für ihr eigenes Befinden oder das ihres Mannes. Wenn Ihre Freundin vermutet, dass Sie sich vor allem für das Befinden ihres Partners interessieren, erzählt sie in ihrer Antwort wenig über sich selbst: Oder sie fängt gleich mit dem Befinden ihres Mannes an.

Besser ist es also, so zu fragen: »Wie geht es Dir denn persönlich in dieser Situation?« Es wird nun wahrscheinlich eine ausführliche Antwort kommen. Erst anschließend fragen Sie: »Und wie geht es Deinem Mann in dieser Situation?«

Noch mal: In der Kürze liegt die Würze. Je kürzer eine (gute) Frage, umso ausführlicher in der Regel die Antwort. Und Sie wollen ja wohl von Ihrem Gegenüber mehr erfahren. Probieren Sie es aus!

Ohne gute Fragen
dreht man sich
leicht im Kreis.

9

# Aussagen hinterfragen

Zwei Kollegen – ein Techniker (A) und ein Kaufmann (B) – diskutieren in einem Projekt über die konkrete Ausgestaltung eines neuen Produktes, eines Elektrofahrrads mit weiteren Features (neues Beleuchtungssystem): Hintergrund ist, dass dabei möglicherweise die geplanten Herstellungskosten erheblich überschritten werden.

Der Techniker (A) – Verfechter des Zusatz-Features – argumentiert mit der weitaus höheren Akzeptanz bei neuen Kundengruppen: »Bei dieser sehr Technik-begeisterten Kundengruppe spielen doch diese möglichen Mehrkosten von ca. 75 Euro keine Rolle, und außerdem bringt das neue Licht sehr viel mehr Reichweite beim Fahren, was von großem Vorteil ist.«

B sucht nun angestrengt nach eigenen passenden Gegenargumenten: »Aber beim Modell ›RX 12 Sport‹ hatten wir auch die spezielle Sattel-Justierung beworben und das interessierte doch nur eine Minderheit, zudem gab das auch Service-Ärger!«

Woraufhin A wieder entgegnet, dass man das nicht vergleichen könne ...

Es entwickelt sich eine hitzige Diskussion, wobei B (Gegner des Lichts) versucht, mit immer neuen Argumenten die Sicht von A (Befürworter) zu entkräften.

Aus »fragetechnischer« Sicht könnte man B nun einen einfachen Tipp geben: Statt nach immer neuen Gegenargumenten zu suchen, sollte er erst einmal die Argumente des Gesprächspartners kritisch beleuchten und *hinterfragen*. Statt also stets in die offensive Rolle zu gehen (mit neuen Argumenten), könnte er eine gewisse Zeit »defensiv«, also hinterfragend, abwehrend agieren.

Eventuell lassen sich ja allein daraus schon »Schwachpunkte« in der Argumentation von A erkennen, oder dieser relativiert durch bestimmte Aussagen selbst seinen Standpunkt.

Dazu geeignet sind vor allem folgende Fragen (kategorisiert nach Überbegriffen):

*Nach der Bedeutung fragen*

- »Was meinen Sie mit ...?«
- »Was heißt für Sie ...?«

Im Beispiel: »Was heißt sehr viel mehr Reichweite?«

*Nach der Entstehung fragen*

- »Woraus leiten Sie das ab?«
- »Wie kommen Sie darauf?«

Im Beispiel: »Wie kommen Sie darauf, dass 75 Euro keine Rolle spielen?«

*Nach dem logischen Zusammenhang fragen*

- »Wie hängt das zusammen?«
- »Wie können Sie das begründen?«

Im Beispiel: »Wie können Sie begründen, dass speziell diese Kundengruppe sehr Technik-begeistert ist?«

*Nach der Überzeugung fragen*

- »Wie können Sie sich dessen so sicher sein?«
- »Wo nehmen Sie die Überzeugung her?«

Im Beispiel: »Wo nehmen Sie die Gewissheit her, dass der Nutzer dieses Zusatz-Feature sofort als lohnenswerten Zusatznutzen erkennt?«

*Nach einem Worst-Case-Szenario fragen*

- »Was wäre das Schlimmste, was passieren kann?«
- »Was müssten wir tun, um das Vorhaben/Projekt zum Scheitern zu bringen?«

Im Beispiel: »Was, glauben Sie, passiert, wenn sich meine Argumente in der Praxis bewahrheiten?«

Ein weiterer Vorteil des »Fragen-Argumentierens« ist, dass man das Gespräch entschleunigt und fokussiert: Statt von Argument zu Argument zu springen und so den Überblick zu verlieren (wie man es in vielen Fernseh-Talk-Shows im Abendprogramm erlebt), bleibt man bei einem Argument und nimmt sich Zeit, dieses auf Stichhaltigkeit zu prüfen.

10

# Die »Affen-Treppe« – Ein Problem vollständig erfassen

Karin Winter, eine erfolgreiche Fach- und Führungskraft, kommt morgens in die Arbeit. Bereits auf dem Korridor kommt ihr ein enger Mitarbeiter entgegen. Er begrüßt sie mit den Worten: »Guten Morgen, kann ich Sie einen Moment sprechen? Ich habe da nämlich ein riesiges Problem!«
Und was macht nun die Chefin? Natürlich bleibt sie stehen, denn »man« ist ja eine erfolgreiche Managerin. Und Führungskräfte sind schließlich proaktiv, sie handeln, »machen«, lösen Probleme durch schnelles und energisches Tun. Dieses Selbstbild prägt übrigens noch stärker unsere männlichen Manager. Also hört die Führungskraft kurz zu und entwickelt schnell erste Lösungen. Bald sind 20 Minuten vergangen. Da sich das Problem aber als komplex darstellt, vereinbart sie zudem mit ihrem Mitarbeiter, sich später darum zu kümmern, man verbleibt mit der Zusage, einen Termin mit dem Mitarbeiter zu vereinbaren.

Basierend auf Metaphern aus dem 1990 erschienenen Buch von Kenneth Blanchard »Der Minuten-Manager und der Klammer-Affe« könnte man auch sagen: Der Mitarbeiter hat seinen Affen (eine schwierige Aufgabe) an die Chefin weitergegeben. Und die kümmert sich nun drum.

So weit, so gut! Klar, manche Affen entpuppen sich beim näheren Hinsehen auch als maskierte Termitenschwärme, die man in der Tat sofort bekämpfen muss. Aber zumindest ebenso oft – wenn nicht öfter – handelt es sich bei dem Affen eher um unliebsame Probleme, die der Mitarbeiter einfach loswerden, rück- oder »hoch«-delegieren will.

Und was können Sie dagegen tun? Sie ahnen es schon: Die Managerin könnte, statt wie auf Knopfdruck nach schnellen Lösungen bzw. Antworten zu suchen, einfach zunächst einmal gezielt Fragen stellen.

In der Praxis vielfach bewährt hat sich hier die sogenannte »Affen-Treppe«: Das ist eine aufeinander abgestimmte Abfolge von zehn bestimmten Fragen, die dazu dienen, das Problem erst einmal richtig zu verstehen und dabei – und dies ist der zentrale Punkt – die Potenziale und Kompetenzen des Mitarbeiters für die Problemlösung zu aktivieren. Um folgende Fragen handelt es sich:

**Fragen üben**

Nutzen Sie die Affen-Treppe zur Selbstaktivierung (= Verantwortung) Ihrer Mitarbeiter/Kollegen:

1. »Wo genau liegt Ihrer Meinung nach das Problem?«
2. »Was geschieht, wenn wir nichts unternehmen?«
3. »Was haben Sie bislang unternommen?«
4. »Mit welchen Folgen?«
5. »Was glauben Sie, aus welchem Grund hat es Ihrer Meinung nach nicht funktioniert?«
6. »Gibt es etwas, das Sie bislang noch nicht versucht haben?«
7. »Was hat Sie daran gehindert, dies zu versuchen?«
8. »Was hieße es, wenn dies auch nicht funktioniert?«
9. »Was schlagen Sie als nächsten Schritt vor?«
10. »Wessen Unterstützung brauchen Sie noch, um das Problem zu lösen?«

Probieren Sie es aus! Sie werden sich wundern, wie viele »Probleme« sich relativieren, mitunter wie von selbst lösen!

11

# Smalltalk: Nachfragen hilft

Peter Sommer begleitet seine Frau bei einem abendlichen Festvortrag mit abschließendem Sektempfang bei deren Firma, einem alteingesessenen und traditionsreichen Bankhaus. Nach dem Vortrag verteilen sich die Gäste an Stehtischen, bedienen sich am Buffet und kommen ins Gespräch mit Tischnachbarn.
Am Tisch von Peter Sommer steht der Juniorchef und Erbe der Bank, und Peter Sommer bemüht sich über Smalltalk Kontakt aufzunehmen.

Juniorchef: »Wir waren bis letzte Woche in einem wunderschönen Golfhotel in Österreich. Nur die Anreise war etwas mühsam.«

Peter Sommer: »Ja, Golf ist ein toller Sport, meine Frau und ich sind auch aktive Spieler, und wir wollen im Urlaub einen Fortgeschrittenenkurs in Südtirol belegen.«

Juniorchef: »Äh, ja, ... aber wir spielen gar nicht Golf, das ist uns zu hektisch geworden. Spielt ja jetzt jeder. Wir waren in diesem Hotel nur wegen der tollen Lage mitten in den Bergen und der ausgezeichneten Küche.«

Peter Sommer: »Ah, ja, ... ja, heute isst man ja auch gerne etwas Leichtes, Mediterranes, man will ja nicht zunehmen, und auch vegetarische oder vegane Gerichte sind ja heute extrem geschmackvoll zubereitet.«

Juniorchef: »Ach so, ... nein, der Koch dort ist berühmt für seine ›Alpine Energie-Küche‹, das heißt kräftige Wild-Gerichte.

und abschließend gibt es immer einen kolossalen Kaiserschmarrn. Da nehme ich zwar immer ein bis zwei Kilo zu, die sind durch den Stress, den ich hier meistens habe, aber bald wieder weg.«

Nach diesen Worten wendet sich der Juniorchef ab und beginnt ein Gespräch mit einem anderen Tischnachbarn.

Was hat Peter Sommer falsch gemacht?

Nun: Er hat es wohl zu gut gemeint. Er dachte, er muss das Thema des Gegenübers aufgreifen, mit eigenen Erlebnissen und Erfahrungen anreichern und so Paroli bieten. Seine Fantasie war wohl, dass er über die Ähnlichkeit in bestimmten Interessen (Golf) oder der Vorwegnahme bestimmter Trends (vegane Küche) Sympathie-Brücken zum Juniorchef schlagen kann.

Dies ging in diesem Fall aber sichtlich daneben. Das kann vielleicht auch mal klappen, muss aber nicht. Denn im Smalltalk, vor allem mit fremden Personen, bemüht man sich zum einen, heikle Themen eher zu vermeiden (Politik, Religion, Krankheiten). Zunächst sollte man in eher »seichten« Themen Gemeinsamkeiten und Übereinstimmungen finden. Auf alle Fälle aber: Kontroversen (»Nicht, ... nein, ...«) eher verhindern.

Was wäre im obigen Beispiel die Alternative gewesen? Wir sind sicher, Sie wissen es: Peter Sommer hätte am besten einfach *nachgefragt*, das heißt, sich einen Aspekt in der Aussage seines Gegenübers herausgepickt und sich mit einer Frage auf diesen bezogen. Und dies ohne jede suggestive Wertung oder Unterstellung.

Beispiel für die erste Szene (Golf):

- »Wo liegt denn das Hotel?«
- »Wie kamen Sie auf das Hotel?«
- »Und was hatte die Anreise so mühsam gemacht?«

Beispiel für die zweite Szene (vegane Küche):
- »Was kennzeichnet denn diese besondere Lage?«
- »Was sind denn Spezialitäten des Hauses?«
- »Welche Berge sind denn dort in der Nähe?«

Wesentlich dabei sind folgende Aspekte:
- Die Frage sollte nicht suggestiv sein (»Sie legen schon auch Wert auf gesundes Essen, oder?«).
- Eigene Vorstellungen/Erfahrungen werden völlig – zumindest am Anfang des Smalltalks – ausgeblendet (»Wir waren schon oft in Österreich und kennen uns gut aus – wo liegt denn das Hotel?«).
- Man stellt keine Wissensfragen, denn ein Nicht-Wissen der Antwort darf den Befragten nicht bloßstellen (»Wie hoch waren denn die Berge dort?«).
- Bohren Sie auch bei Details nicht zu tief nach – das wirkt detektivisch (»Wie viele Dreitausender waren es genau?«). Wechseln Sie lieber zu anderen Aspekten (»Wie lange liegt dort oben denn noch Schnee?«).

Jede Antwort des Gegenübers bietet nun wieder unzählige Möglichkeiten nachzufragen. Dieses »Frage-Spiel« kann man getrost fünf bis sieben Minuten locker fortführen.

*Wichtig:* Achten Sie bei Smalltalk auf Gestik und Mimik Ihres Gegenübers: Wenn sich die Haltung entspannt, ein Lächeln über das Gesicht huscht und der Gesprächsfluss zunimmt, machen Sie alles richtig. Jetzt können Sie dann auch ein wenig von sich selbst erzählen. In der Regel stellt Ihnen der Gesprächspartner dann aber auch seinerseits Fragen. Nun können Sie ungehindert auch einige Erfahrungen zu den Themen beitragen, deren Bewertung Sie ja nun besser kennen.

## Fragen üben

Fragen ist beim Smalltalk das A und O. Mithilfe von Fragen erkennen Sie schnell, welche Themen Ihr Gegenüber schätzt und welche vielleicht auch nicht. Dadurch bilden Sie eine wichtige soziale Brücke für die nächsten, vielleicht ernsthafteren Gesprächsthemen.

Auch beim Smalltalk gilt also: Insbesondere durch Fragen werden Sie »erfolgreich«. Viele Zeitgenossen praktizieren Smalltalk mit anderen als »Bigtalk« über sich selbst. Wenn Sie aber an wirklichem Smalltalk interessiert sind, probieren Sie es einmal aus: Wenn Sie im Smalltalk viel fragen, erfahren Sie nicht nur mehr über Ihr Gegenüber. Sie machen sich auch selbst interessanter, wenn Sie sich selbst nicht gänzlich, aber trotzdem erst mal ein kleines Stück zurückstellen: durch interessiertes Nachfragen.

*Gute Fragen helfen dabei, die Dinge zu relativieren.*

12

# »Inquisition« vermeiden

Ein erfolgreicher Vertriebsmitarbeiter war bei einem Kunden und hat dort über eine Verlängerung des Projekts verhandelt. Entgegen der Absprache musste er 2,5 % mehr Preisnachlass geben als geplant. Außerdem hat der Kunde eine veränderte Reklamations-Richtlinie noch nicht unterschrieben, sondern zugesagt, den Vertrag in den nächsten Tagen nachzusenden.

Als der Vertriebsmitarbeiter dies seinem Chef berichtet ergibt sich folgendes Gespräch:

Chef: »Habe ich Ihnen nicht gesagt, dass Sie preislich hart bleiben sollen?«

Mitarbeiter: »Ja, aber …«

Chef (unterbricht die Antwort): »Wissen Sie denn nicht, wie wichtig aktuell eine gute Spanne für uns ist?«

Mitarbeiter: »Doch, …« (Antwort, wird unterbrochen.)

Chef (unterbricht erneut): »Und: Hab ich Ihnen denn nicht klargemacht, immer darauf zu achten, dass Sie die Richtlinien unterschrieben mitbringen sollen?«

Mitarbeiter: »Schon, aber …«

Chef (abermals unterbrechend): »Also, warum sind Sie nur so unzuverlässig …?«

Neben rhetorischen Fragen (das sind Fragen die man durch die Frage schon selbst beantwortet) und suggestiven Fragen (also Fragen, deren Antwort man direkt vorgibt) sind es vor allem diese Art von »vorwurfsvollen« Fragen, die man insbesondere im betrieblichen Alltag leider allzu oft findet.

Wir nennen diese Fragen »inquisitorische« Fragen – weil sich der Befragte wie ein Folteropfer der Inquisition vorkommen muss: Er wird von oben herab befragt, die Tonalität der »Fragen« lässt keinen Widerspruch zu, und härteste Strafen (hier: Entmündigung, Herabsetzung, Abmahnung) drohen. Der einzige Ausweg, dem sich viele ausgeliefert sehen: Man muss in die Büßer-Rolle schlüpfen, sich wie ein kleines Kind permanent herauswinden und warten, bis das Donnerwetter vorüber ist.

## Was sind nun Alternativen – für beide Seiten?

Als »Befragter« sollten Sie ruhig und gelassen bleiben, das heißt erst einmal: schweigen und warten, ob sich der emotionale Inquisitionssturm nach ein bis zwei Fragen vielleicht wieder legt. Sollte dies eine Zeit lang nicht der Fall sein,

- so unterbrechen Sie erstens höflich Ihr Gegenüber: »Lassen Sie mich bitte kurz etwas dazu sagen ...«
- und betonen daraufhin, dass Sie die »Irritation« Ihres Gegenübers hinsichtlich einiger Aspekte inhaltlich sehr wohl verstehen können: »Ich kann auch verstehen, dass ...«,
- weisen Sie aber darauf hin, dass Sie mit der Art der Kommunikation unzufrieden sind: »Komme mir ehrlich gesagt gerade wie auf der Anklagebank vor ...«,
- und fragen dann Ihr Gegenüber, ob eine erste Lösung, die Sie sich überlegt haben, für ihn O. K. wäre: »Ich habe mir Folgendes überlegt und würde gerne Ihr O. K. dazu haben: ...«

## Keine Inquisition, bitte!

Und nun zum Fragenden. Als Fragender sollten Sie sich diese Art von Fragen schlicht und ergreifend einfach abgewöhnen. Sie erzeugen damit nur Widerstand, Widerwillen und absolute

Demotivation. Missbrauchen Sie Fragen bitte nicht, um andere abzukanzeln!

Das heißt aber nicht, dass Sie Ihren Ärger (sofern er – in welchem Ausmaß auch immer – gerechtfertigt sein sollte) völlig ignorieren sollten.

Nur: Formulieren Sie Ihre eigene Befindlichkeit nicht als Frage, sondern formulieren Sie Ihren Vorwurf bzw. Ihren Ärger als sogenannte Ich-Botschaft.

Als Chef sagen Sie besser: »Ich hatte Sie gestern nochmals darauf hingewiesen, dass die Preise nicht weiter reduziert werden können. Auch die Mitnahme der Unterlagen hatten wir besprochen. Ihr Verhalten irritiert mich deshalb sehr, und ich habe den Eindruck, Sie nehmen da meine Hinweise nicht wirklich ernst. Wie sehen Sie das, und vor allem: Was schlagen Sie vor, was Sie nun tun können?«

Merke: Fragen sind zwar ein perfektes Werkzeug für die Gewinnung wichtiger Informationen und die Gestaltung eines fruchtbaren Kontaktbodens – sie können aber auch, falsch angewandt, verbrannte Erde hinterlassen.

13

# Skalierungsfragen

Katja Neumann leitet ein Projektteam und zieht sich jedes Jahr im Herbst zwei Tage zu einer Klausur mit ihren Mitarbeitern zurück. Sie nutzt diese Tage immer, um das vergangene Jahr gemeinsam mit ihrem Team zu besprechen, Stärken und Schwächen der Zusammenarbeit zu reflektieren, aber auch, um gemeinsam etwas Schönes zu erleben.

So hatte sie für die Klausur eine Almhütte in den Bergen gemietet und wollte erfahren, wie zufrieden alle Mitglieder mit der Kommunikation im Team sind. Sie stellte deshalb die (offene) Frage: »Wie zufrieden bist Du mit der Kommunikation im Team?«, und bat jedes Teammitglied reihum, etwas dazu zu sagen. Auf ihre Frage hin antworteten ihre Mitarbeiter folgendermaßen:

Peter: »Ist O. K.«
Stephanie: »Passt«
Sophie: »Ist gut«
Klaus: »Passt«
Anna: »Passt wie immer«

Früher war das für die Teamleiterin »so O. K.«. Es kam ja keine Kritik, und die Urteile hörten sich ja alle gut an. Hat Sie aber jetzt wirklich etwas erfahren? Was heißt »gut«, was heißt »passt«?

Diesmal will Sie es genauer wissen. Sie hat unser Buch schon gelesen und stellt ihren Mitarbeitern deshalb folgende Frage:

»Auf einer Skala von 1 bis 10: Wie zufrieden ist jeder von Euch mit der Kommunikation im Team? »1« bedeutet dabei äußerst *unzufrieden, Hölle*; »10« bedeutet *maximal zufrieden, Paradies*. Jede bzw. jeder schreibt nun bitte zunächst für sich alleine seine Zahl auf eine Karte – und liest sie dann vor.«

Die Ergebnisse sind: Peter »10«, Stephanie »5«, Sophie: »6«, Klaus: »8«, Anna: »7«.

Was ist passiert? Nur durch diese Art der Frage werden auf einmal Unterschiede sichtbar, die aus verschiedenen Bewertungsmaßstäben und individuellen Wortzuschreibungen herrühren. Für die eine heißt »passt« Mittelmaß, »5«, während für eine anderen ein »passt« »8« bedeutet.

Auf Basis dieser Information kann die Teamleiterin nun die Aussagen bzw. Unterschiede thematisieren und nachfragen, woher diese kommen, wie sich diese in der letzten Zeit entwickelt haben und was für Maßnahmen es gäbe, sie zu optimieren. Diese Fragen machen also Positionen klarer und definieren Unterschiede.

Solche Fragen heißen »skalierende« Fragen, weil sie auf keine »Ja/Nein«-Antwort oder subjektive Aussage abzielen, sondern ein festes Raster, eine vordefinierte Skala vorgeben. Wir kennen dies ja aus schriftlichen Beurteilungsbögen in Hotels oder Servicecentern nach dem Motto: »Wie zufrieden waren Sie mit dem Service?« Sie werden in der täglichen Praxis inzwischen auch häufig von Pflegekräften im Krankenhaus (»Wie fühlt sich der Schmerz auf einer Skala von 1 bis 10 an?«), im Führungs- oder Fachkräftecoaching (»Wie herausfordernd erleben Sie Ihr aktuelles Aufgabengebiet auf einer Skala ...«) bzw. in der psychologischen Einzelberatung (»Wie zufrieden sind Sie mit Ihrer aktuellen Lebenssituation auf einer Skala von ...?«) eingesetzt.

*Skalierungsfragen dienen dazu,*

- Verallgemeinerungen aufzulösen und Unterschiede zu hinterfragen.
- Sie ermöglichen, bereits existierende Unterschiede zu benennen,
- nicht existierende Unterschiede sichtbar zu machen,
- gegebene Unterschiede in ihrer Ausprägung zu benennen, zu skalieren,
- oder dazu, scheinbare Unterschiede zu relativieren.

*Tipps zur Skalierung:*

- Die Spannweite der Skala sollte zwischen 0 und 5 oder zwischen 0 und 10 liegen. Kleinere bzw. größere Skalen haben sich in der Praxis nicht bewährt.
- Theoretisch könnte man natürlich auch Schulnoten (1-6) nehmen, oftmals schwingt dabei aber etwas allzu sehr »Lehrerhaftes« mit, woran der ein oder die andere gegebenenfalls schlechte Erinnerungen hat.
- Bei der Formulierung der Frage ist es wichtig, die Endpunkte eindeutig zu definieren.
- In einer Teamsituation verhindert die »geheime« schriftliche Fixierung vorher eine Anpassung der Aussage an die vorhergehenden Aussagen anderer Teammitglieder.
- Je nach Situation kann man die Frage auch gezielt mit einigen Worten einleiten, damit sie nicht zu überraschend bzw. fixierend wirkt: »Ich stelle Ihnen nun eine Frage, die auf den ersten Blick etwas ungewöhnlich klingen mag, lassen Sie sich einfach Zeit bei der Beantwortung ...«

## Varianten skalierender Fragen

Aus dem komplexen Feld möglicher skalierender Fragen möchten wir einige Varianten kurz vorstellen:

- Klassische Variante – einfache numerische Skala einer Eigenschaft:
  »Wie zufrieden Sind Sie aktuell (mit Ihrer Arbeitsstelle) auf einer Skala von 1 (minimal) bis 10 (maximal)?«
- Klassische Variante – prozentuale Skala zu einem bestimmten Objekt:
  »Wie viele Ihrer Kollegen sind *prozentual* mit dem Klima im Team zufrieden?«
- Erweiterte Variante – Konstruktion von Teilmengen:
  »Wenn man die Teammitglieder ihre Motivation betreffend nach Motivationsgrad in drei Gruppen aufteilen würde: Wie viele Teammitglieder gehören prozentual zur Gruppe der überdurchschnittlich, der durchschnittlich und der unterdurchschnittlich Motivierten?«
- Erweiterte Variante – Rangreihung von Elementen:
  »Was waren aus Ihrer Sicht die wichtigsten drei Erkenntnisse aus der Mitarbeiterbefragung in Ihrem Unternehmen?«
- Erweiterte Variante – Einführung von bewussten Unterschieden:
  »Sie sagen, beide Projekte sind gleich wichtig. Wenn ich Sie aber nun zwingen würde, sich für eines zu entscheiden, welches Projekt würden Sie mir jetzt nennen?«

## Nutzung von Skalierungsfragen im Management

Unternehmen oder Teilbereiche von Unternehmen (Bereiche, Abteilungen, Teams) können sich selbst z. B. folgende Fragen stellen:

**Fragen üben**

Setzen Sie Skalierungsfragen im Management ein! Sie können sich z. B. fragen:

- »Wie beurteilen wir aktuell die Kundenzufriedenheit (alternativ: die Mitarbeiterzufriedenheit, die Führungsqualität, die Qualität bestimmter Dienstleistungen usw.) auf einer Skala von 1 bis 10?«
- »Wie hat sich die Führungsqualität in unserem Unternehmen im Laufe der letzten zwei Jahre (oder: seit Einführung der Maßnahmen XY) auf einer Skala von ... bis ... verändert?« (= Vergangenheit)
- »Was können wir tun, um den von uns vermuteten Wert um ein bis zwei Punkte zu verbessern?« (= Zukunft)
- »Bitte notieren Sie, vor unserer Diskussion, jeder für sich: Wie erfolgreich war unser Projekt auf einer Skala von 1 bis 10?«

Wir garantieren Ihnen: Wenn Sie diese oder ähnliche Fragen z. B. im führenden Management diskutieren, werden Sie immer unterschiedliche Werte zu hören bekommen. Und hier wird es spannend: Denn Sie sollten nun erst einmal diese Werte »hinterfragen«, z. B. mit Fragen wie: »Woran machen Sie/machen wir das fest? Was ist der Grund dafür ...?« Und Sie können dann mit den Ergebnissen skalierender Fragen Strategien für die Zukunft entwickeln: »Was können wir tun, um die Mitarbeiterzufriedenheit/den Erfolg des jetzt bevorstehenden neuen Projekts/die Führungsqualität um 1 bis 2 Punkte nach oben zu bringen?«

## Skalierende Fragen im Mitarbeitergespräch

Führungskräfte können Skalierungsfragen auch im Mitarbeitergespräch nutzen.

## Fragen üben

Setzen Sie Skalierungsfragen im Mitarbeitergespräch ein. Sowohl Führungskraft als auch Mitarbeiter kann (Empfehlung: zunächst jeder für sich) z. B. folgende Punkte auf einer Skala von 1 bis 10 skalieren: Wie stark ist ...

- der Freiraum des Mitarbeiters für eigenes Handeln und Entscheiden?
- die Anerkennung von Leistungen des Mitarbeiters durch die Führungskraft?
- das Arbeitsklima?
- die vom Mitarbeiter erlebte Unterstützung durch die Führungskraft?
- die Qualität der Zusammenarbeit zwischen Führungskraft und Mitarbeiter?
- die Qualität der Informationen, die der Mitarbeiter durch die Führungskraft erhält?

*Führungskräfte aufgepasst:* Wir garantieren Ihnen, dass Sie durch die Nutzung von Skalierungsfragen in diesem Kontext (vielleicht erstmals?) ein gehaltvolles und sicher auch aufschlussreiches Mitarbeitergespräch haben werden!

Insgesamt nicht zu unterschätzen: Durch Skalierungsfragen kommen in Unternehmen qualitativ gute Diskurse zustande, die ansonsten leider eher selten stattfinden.

Auch in Ihrem *Privatleben* können Sie Gebrauch von Skalierungsfragen machen. Hier hätten wir zum Beispiel eine für Mutige: Wenn Sie die Kraft und auch potenzielle »Sprengkraft« von Skalierungsfragen einmal testen wollen, dann fragen Sie doch Ihre Partnerin oder Ihren Partner bei passender Gelegenheit, wie zufrieden er/sie denn eigentlich mit der Qualität Ihrer Beziehung auf einer Skala von 1 bis 10 ist.

Da Sie sicher auch selbst die potenzielle »Sprengkraft« hinter dieser Frage unschwer erkennen, wünschen wir Ihnen an dieser Stelle viel Mut und gutes Gelingen! Wir fügen allerdings hinzu, dass wir als Autoren für mögliche Folgen dieser Frage für Ihre Beziehung nicht zur Verantwortung gezogen werden können. Wie heißt es so schön: »Eltern haften für ihre Kinder« – Fragesteller haften für ihre Fragen!

***Gute Fragen schaffen eine Hubschrauber-Perspektive.***

14

# Hypothetische Fragen: »Was wäre, wenn ...«

Petra Reiter ist – oder sollte man besser sagen: war – Projektleiterin des Projekts »Mountainbikes new generation 2« und sitzt zusammen mit ihren Kolleginnen und Kollegen im Projektraum vor einer Wand mit dem zentralen Projektstrukturplan und weiteren unzähligen Projektskizzen. Das Projekt endete offiziell vor einer Woche mit der Auslieferung der ersten Serientypen an den Fachgroßhandel.

Petra ist mit dem Projektverlauf insgesamt zufrieden, allerdings ergaben sich einige Probleme während des fast zwölfmonatigen Projektverlaufs. »Fehler lassen sich nie ganz vermeiden. Man darf sie nur nicht wiederholen, sondern muss aus ihnen lernen«, lautet ihr Motto.

Sie sinniert kurz vor sich hin, setzt sich dann entschlossen in ihren Stuhl, blickt in die Runde und fragt: »Was hätten wir mit dem Wissen von heute bei der Planung der Antriebseinheit anders machen müssen?« – »Was ist denn das mal wieder für eine Frage?«, ächzt ihr Kollege Werner Spät mit einem Augenzwinkern von der Seite: »Wir hätten Dich vor drei Wochen nicht auf dieses psychologische Frage-Seminar schicken sollen, seitdem kommst Du immer wieder auf solch verschwurbelte Fragen!«

Das, was Werner unter »verschwurbelt« versteht, ist nichts anderes als eine *hypothetische Frage*, die – zugegeben – in diesem Fall von Petra etwas kompliziert formuliert wurde.

Im Kern ist eine hypothetische Frage eine »Was wäre, wenn«-Frage. Also eine Frage, die von einer fiktiven gedanklichen Vorstellung ausgeht, um die Folgen dieser Vorstellung erfragen zu können. Also nach dem Motto: »Was wäre, wenn wir am Samstag eine Million im Lotto gewinnen würden?« Aufgebaut werden solche Fragen, indem man ...

- zum Gedankensprung auffordert (»was wäre, wenn«, »stell Dir vor«, »gesetzt den Fall« oder »nehmen wir einmal an«),
- eine bestimmte Vorstellung formuliert – wobei diese zeitlich meistens in der Zukunft liegt (»wir würden in zwei Monaten«), aber natürlich auch wie im Fall von Petra Vergangenes betreffen kann (»wir hätten vor 12 Monaten«) –
- und dann die Folgen thematisiert (»Was würde das bedeuten?« bzw. »Welche Auswirkungen hätte dies?«).

## Der Charme hypothetischer Fragen

Warum stellt man solche Fragen?

- Man will sein Gegenüber dazu anregen, kreative Ideen zu entwickeln:
  »Lass uns doch mal eine andere Perspektive einnehmen. Was würde passieren, wenn wir dieses Produktmerkmal verändern, indem wir ...«
- Man will sich auf etwaige Geschehnisse und Entwicklungen einstellen, die in der Zukunft liegen könnten:
  »Wie reagieren wir, wenn sich das Marktwachstum nicht wie angenommen entwickelt?«
- Man will Vor- und Nachteile verschiedener Handlungsoptionen abwägen:
  »Was kann passieren, wenn wir unsere Produkte nur noch online anbieten?«
- Man will vergangene Geschehnisse kritisch reflektieren:
  »Was hätte passieren können, wenn wir bei der Produktionsüberschneidung nicht rechtzeitig reagiert hätten?«

- Oder man kann – wie Petra es mit der »verschwurbelten« Frage getan hat – sein Gegenüber zwingen, eine Außenperspektive einzunehmen und eigene Sichtweisen zu hinterfragen.

Wenn man es etwas provokativ formulieren möchte, verdanken wir alle (kreativen) Ideen und (Produkt- bzw. Service-)Entwicklungen solchen hypothetischen Fragen, die sich einzelne Erfinder oder Teams irgendwann einmal gestellt haben.

Diese Kette ist schier endlos: Sie reicht vom Steinzeitmenschen, der das Rad erfand (»Was wäre, wenn man jede der vier Ecken des viereckigen Steinblocks etwas abrundet?«), über Thomas Alva Edison bei der Erfindung der Glühbirne (»Was wäre, wenn man statt einer Kerze einen Draht im Glaskolben zum Leuchten bringt?«) bis zu Steve Jobs mit seinem iPhone (»Was wäre, wenn man statt der mechanischen Tasten einen berührungsempfindlichen Sensor, integriert in der Tastatur, verwendet?«).

## Gedankenexperimente

Hypothetische Fragen sind wie Gedankenexperimente. In Anlehnung an Fritz B. Simon und Christel Rech-Simon (Zirkuläres Fragen, Carl Auer Verlag 1999, S. 133) kann man auch sagen: »Gedankenexperimente sind eines der nützlichsten Instrumente menschlichen Denkens [...] Sie sind ökonomisch sinnvoll, d. h. sie kosten wenig, laden ein zu kreativem Denken, geben der Phantasie eine Chance und aktivieren den Möglichkeitssinn.« Das Ergebnis sind oft neue kreative Ideen, Impulse und Sichtweisen.

Auch die im folgenden Kapitel beschriebenen Wunder-Fragen gehören in diesen Zusammenhang.

### Vorteile hypothetischer Fragen

- Hypothetische Fragen lösen zementierte Muster auf, sie laden zu Gedankenexperimenten ein und führen aus Sackgassen heraus.
- Sie geben Rückschlüsse auf aktuelle Ängste und Hoffnungen.
- Sie fördern das Denken in neuen Möglichkeiten.

**Fragen üben**

Wenn Sie mehr »Pfeffer« in Ihre Fragen bringen, die Fantasie Ihres Gesprächspartners etwas kitzeln wollen, dann versuchen Sie es einmal mit hypothetischen Fragen, die z.B. so beginnen könnten:

- »Nehmen Sie/wir einfach mal an ...«
- »Unterstellen wir doch einmal ...«
- »Wenn Folgendes passieren würde ...«
- »Wagen wir doch ein Gedankenexperiment: ...«
- »Folgendes Szenario: ...«
- »Reine Fiktion – aber wäre es denkbar, dass ...«
- »Wenn Sie einen Wunsch im Leben frei hätten ...«

Wobei Sie natürlich nicht das Rad neu erfinden müssen, um gute hypothetische Fragen zu stellen. Die einfache Frage »Was wäre, wenn wir heute nicht Sushi essen, sondern seit langem mal wieder zum Griechen gehen?« hat durchaus auch kreatives Potenzial.

Gute Fragen
stellen Bewährtes
auf den Kopf.

15

# »Wunder-Fragen«

Kerstin Bergmüller, eine junge aufstrebende Führungskraft, hat heute ihr drittes Treffen mit ihrem Business-Coach.

Sie arbeitet als Vertriebsleiterin in einem IT-Unternehmen, und ihre Abteilung ist vor einem halben Jahr im Rahmen eines Change-Prozesses grundlegend umgestaltet worden. Durch diese Reorganisation ergaben sich unerwartete Probleme in der Zusammenarbeit mit zwei Nachbarabteilungen (Marketing und Entwicklung), die schrittweise eskalierten und Kerstin Bergmüller ein erfolgreiches Arbeiten erschwerten.

Ihre Vorgesetzte, mit der sie ein sehr gutes Verhältnis hat, empfiehlt ihr, sich in dieser Situation (in Absprache mit der Personalentwicklungsabteilung) externe Hilfe zu holen, einen mit dem Unternehmen verbundenen Business-Coach.

Im Verlauf der ersten Coaching-Sitzung dreht sich das Gespräch vor allem um die scheinbar unüberwindlichen Bedenken der Entwicklungsabteilung gegenüber einer neuen Vertriebsstrategie. Beide Seiten hatten in unzähligen Meetings ihre Standpunkte ausgetauscht, ein weiteres Miteinander erschien immer schwieriger. Alles wirkte völlig festgefahren.

Der Coach merkt dies auch an der Körpersprache von Kerstin Bergmüller, die etwas zusammengesunken und resigniert in ihrem Stuhl sitzt.

»Ich werde Ihnen nun eine etwas ungewöhnliche Frage stellen und bitte Sie einfach, sich darauf einzulassen – und die Frage wirken zu lassen.« (Kerstin nickt)
»Nehmen wir einmal an, Sie gehen nach unserem Coaching irgendwann nach Hause. Sie schlafen abends ein und über Nacht passiert ein Wunder. Das Problem, das Sie lösen wollen, ist schon gelöst, oder das Ziel, das Sie erreichen wollten, ist wie durch ein Wunder schon erreicht worden. Einfach so. Und Sie haben es nicht einmal gemerkt. Und Sie wissen auch nicht, dass und wie das Wunder geschehen ist; weil Sie geschlafen haben.
Was glauben Sie, woran werden Sie am Morgen, wenn Sie aufwachen, als erstes erkennen, dass ein Wunder passiert ist? Und woran können Sie es sonst noch erkennen?«

Kerstin Bergmann hört ihrem Coach aufmerksam zu, lässt sich auf die Frage ein – auch wenn sie ihr im ersten Moment etwas seltsam vorkommt –, achtet darauf, welche Bilder in ihr dadurch ausgelöst werden, und bemerkt plötzlich, wie sie sich entspannt, sich am Frühstückstisch sitzen sieht, voller Energie, mit einem Stift in der Hand, mit dem sie auf einem Blatt Papier eine Skizze für ein neues Szenario entwirft.

Die »Wunder-Frage« kann immer dann eingesetzt werden, wenn Menschen über konkrete Probleme sprechen und sich dabei in einer Art »Problemkäfig« befinden: Ihnen fehlt jede Kreativität und Lösungsenergie. Sie kommen nicht mehr weiter. Die Probleme bilden eine Art Wand, die alles weitere Vorgehen blockiert und um die das Denken permanent kreist. Dann kann man mit der Wunder-Frage diese »Wand« erst einmal überspringen, und austesten, wie es denn wäre, wenn dieses Hindernis überwunden wäre.

In der Regel erlaubt sie es dem Coachee (also dem Klienten im Coaching), sich vorzustellen, was sie/er erreichen möchte, und wie das ganz konkret aussehen soll.

## Mit der »Wunder-Frage« Sackgassen überwinden

Die Wunder-Frage ist eine Spezialform der hypothetischen Frage. Sie soll neue Lösungsszenarien einführen. Der Fokus ist nicht auf Hindernisse oder Unmöglichkeiten gerichtet (»Warum geht es nicht?«), sondern auf die Situation, wenn das Ziel erreicht ist (»Wie wird es gehen?«). Das Gehirn soll dabei – sozusagen als energetische Transformation – von einem »›Geht nicht‹-Problem-Zustand« in einen »›So wäre es auch möglich‹-Lösungs-Zustand« versetzt werden.

Darauf aufbauend ist es in einem zweiten Schritt bedeutsam, dass sich der Coachee dieses Unterschiedes bewusst wird – und dies auch so benennen und reflektieren kann. Was wiederum die Basis für nun mögliche Ziel- und Maßnahmeninspirationen sein kann.

*Einige Tipps* zur Anwendung der Wunder-Frage:

- Sie sollte gezielt und sparsam verwendet werden – sonst verbraucht sich ihre Wirkung.
- Es empfiehlt sich auch, sie mit einigen Worten – mit Hinweis auf ihren ungewöhnlichen Charakter – einzuleiten.
- Zentral ist ebenfalls, dass dem Befragten die Veränderung im eigenen Energieniveau bewusst wird, und dass dies auch benannt und reflektiert werden kann.
- Rein theoretisch sind natürlich der konkreten Ausformulierung keine Grenzen gesetzt – es hat sich nur in der Praxis gezeigt, dass zu spielerische oder »märchenhafte« Formulierungen der Frage die Energie nehmen und die »Ernsthaftigkeit« eruieren.

Mit der Wunder-Frage können Sie sich aber auch selbst coachen.

**Fragen üben**

Sie haben ein Problem, an dem Sie vielleicht schon lange tüfteln? – Stellen Sie sich selbst die Wunder-Frage. Zum Beispiel so:

- »Ich stell' mir jetzt mal vor, mein Problem ist schon gelöst. Woran würde ich im Alltag wohl zuallererst merken, dass es verschwunden ist?«
- »Ich stelle mir vor, eine gute Fee kommt und löst für mich über Nacht das Problem. Woran werde ich dies im Verlauf des nächsten Tages konkret erkennen?«

Auch wenn Sie auf der Suche nach neuen Möglichkeiten sind, an die Ihr Gesprächspartner vielleicht noch nicht gedacht hat, können Sie diesen Möglichkeiten vielleicht mit Fragen auf die Spur kommen. Fragen, die z. B. so beginnen (als Einleitungen hypothetischer Fragen):

- »Nehmen Sie/wir einfach mal an, ...«
- »Unterstellen wir doch einmal, ...«
- »Stellen Sie sich vor, ...«
- »Wenn Folgendes passieren würde, ...«
- »Wagen wir doch ein Gedankenexperiment: ...«
- »Folgendes Szenario: ...«
- »Reine Fiktion – aber wäre es denkbar, dass ...«

## Hypothetische Fragen in der Mitarbeiterführung

Hypothetische Fragen können auch von Führungskräften zur Auflösung festgefahrener Situationen eingesetzt werden:

Ein Mitarbeiter kritisiert gegenüber seinem Vorgesetzten die schlechte Stimmung im Team und führt dies auf die unterschiedlichsten Ursachen und Faktoren zurück. Am Schluss sehen sowohl Mitarbeiter als auch Vorgesetzter vor lauter (Problem-)Bäumen keinen Wald mehr (zu hohe Arbeitsbelastung, unklare Ziele, unterschiedliche Leistungsbereitschaft, Konflikte zwischen zwei Kollegen usw.).

Der Vorgesetzte kann nun dem Mitarbeiter folgende (hypothetische) Frage stellen: »Wenn Sie die Macht hätten, zwei Dinge sofort zu verändern, was wären diese zwei Dinge?« Die Folge: Der Mitarbeiter muss reflektieren und eine Entscheidung treffen. Wenn er nun die zwei Dinge benennt, sind das die Faktoren, die er für ursächlich hält und auf die man sich bei der Problemlösung vielleicht als erstes konzentrieren sollte.

## Der Charme hypothetischer Fragen

Zusammengefasst haben hypothetische Fragen folgende Vorteile:

- Hypothetische Fragen lösen zementierte Muster auf, sie laden zu Gedankenexperimenten ein und führen aus Sackgassen heraus.
- Sie geben Rückschlüsse auf aktuelle Ängste und Hoffnungen.
- Sie fördern das Denken in neuen Möglichkeiten.

Deshalb unsere Frage an Sie: Mal angenommen, Sie stellen zukünftig hin und wieder eine hypothetische Frage oder Wunder-Frage – welche Vorteile könnte das konkret für Sie oder Ihren Gesprächspartner haben?

16

# Straff oder sanft fragen: Auf das »wording« kommt es an

Im Quartalsmeeting im neuen Büro im 45. Stock des Büro-Towers sind alle wichtigen Bereichsleiter vertreten, als der Geschäftsführer die neue Konzeption für den angekündigten Firmenumbau darstellt. Nach der letzten Folie fordert der Geschäftsführer die Beteiligten auf, Fragen hierzu zu stellen.

Nur langsam kommt das Gespräch in Gang, und es dauert eine Weile, bis ein Bereichsleiter als einer der ersten sich mit der Frage nach der angestrebten Umsetzungszeit »aus der Deckung« wagt: »Für wie realistisch halten Sie denn den Zeitplan der Beratungsfirma, binnen von nur acht Monaten drei neue Ländervertretungen aus dem Boden zu stampfen?«

Prompt reagiert der Geschäftsführer sichtbar etwas angesäuert und aggressiv.

Haben Sie eine Vermutung, warum? Wie würden Sie selbst denn als Fragender hier vorgehen, um Missstimmungen zu vermeiden?

Nun, Sie könnten sich z. B. überlegen, ob es sinnvoll ist, dass Sie es sind, der die erste Frage aus dem Plenum heraus stellt. Sie könnten zunächst anderen den Vortritt lassen, um zu sehen, wie denn die allgemeine Stimmungslage ist. Wenn der oder die Befragten (in unserem Fall die Geschäftsführung) allgemein etwas »missmutig« bzw. »dünnhäutig« ist und Fragen (zumindest im Augenblick) vor allem als persönlichen Angriff empfindet, könnten Sie abwarten, bis sich die Stimmung gelegt hat. Oder auch ganz auf Fragen verzichten. Denn: Fragen sind per se ein »Macht-Instrument«, da sie ja den Befragten auffordern, zu antworten oder Stellung zu beziehen. Bedenken Sie immer: Wer fragt, übt (stets) Macht aus!

Wenn Sie aber fragen, wie könnten Sie nun eine passende Frage formulieren? Aus rein sprachpsychologischen Aspekten empfiehlt es sich zuerst, auf die harten Bilder Ihrer Frage (»aus dem Boden stampfen«) entweder ganz zu verzichten oder aber alternative Metaphern in abgemilderter Form zu entwickeln (z. B. »... auf der grünen Wiese zu errichten ...«)

Aus fragetechnischer Perspektive sind zwei Schritte ratsam: Zuerst sollte man der Frage den augenscheinlich suggestiven Charakter nehmen. Der Einstieg »Für wie realistisch halten Sie denn ...« engt den Antwortraum des Befragten bereits ein und unterstellt zudem (subtil und suggestiv), dass doch jeder im Raum weiß, wie unrealistisch dies ist. Also: diese Einleitung am besten ganz weglassen.

Besser ist es, mit einer Aussage zu beginnen, die den subjektiven Standpunkt des Fragenden betont, z. B. so: »Der Umbau binnen acht Monaten erscheint *mir* persönlich sehr ambitioniert ...«). Und dann als zweiten Satz ganz offen nach der Meinung des Gegenübers zu fragen: »Wie schätzen Sie das ein?« So nimmt man subtil anklagende oder Vorwurf-behaftete Anteile aus einer Frage heraus. Zudem bedient man sich eines weiteren sprachpsychologischen Tricks: Man benutzt mit »ambitioniert« ein Wort, das zum einen positiv besetzt ist und das gleichzeitig im wirtschaftlichen Umfeld eine anerkanntermaßen sehr fein nuancierte Skepsis zum Ausdruck bringen darf.

Eine weitere – gegebenenfalls noch elegantere – Technik besteht darin, die Frage zu vergegenständlichen, sie scheinbar vom Befragten zu lösen und sie als vermeintlich im Raum stehenden Gedanken aufzugreifen, der nicht unbedingt auf sofortige Antwort wartet. Mögliche Formulierungen sind:

**Fragen üben**

Wenn Sie mit einer Frage möglichst wenig Druck ausüben möchten, können Sie zum Beispiel so fragen:

- »Für mich steht da auch die Frage im Raum, ...«
- »Für mich taucht da die Frage auf, ...«
- »Wie ist es aus Ihrer Sicht um die Frage bestellt, ...?«
- »Für den Kunden wird sich an der Stelle womöglich die Frage stellen, ...«
- »Könnte aus Ihrer Sicht auch eine Situation entstehen, in der man um die Frage nicht herumkommt, inwieweit ...?«

Mit solchen Formulierungen verleihen Sie Ihren Fragen insgesamt eine gewisse »Vagheit«, die den Fragen den unmittelbaren Druck nimmt – und es damit dem Befragten viel leichter macht, sie ohne Vorbehalt anzunehmen und zu beantworten.

## Fragen stellen heißt Macht ausüben: Sie haben es in der Hand

Die Intensität, mit der Sie mittels Fragen auf Ihr Gegenüber Macht ausüben, hängt sehr stark von den verwendeten Formulierungen und Sprachbildern (sowie natürlich auch Ihrer Stimme und Körpersprache) ab. Abhängig davon wird Ihre Frage vom Befragten so oder so aufgefasst: entweder als Provokation mit bereits suggestiv enthaltener Antwort – oder eben als ehrlich gemeinte Frage mit der Bitte um eine offene Antwort (siehe oben: »Fragen üben«).

Sie sollten sich stets bewusst sein, dass »Fragen stellen« immer bedeutet, andere zu beeinflussen. Denn mit Fragen fordern Sie Ihr Gegenüber ja immer auf, zu reagieren. Sie »führen« Ihr Gegenüber gewissermaßen. Situations- und kontextabhängig kann es deshalb geboten sein, diese Art der Führung nicht allzu straff auszuüben: indem sie einfach eleganter fragen.

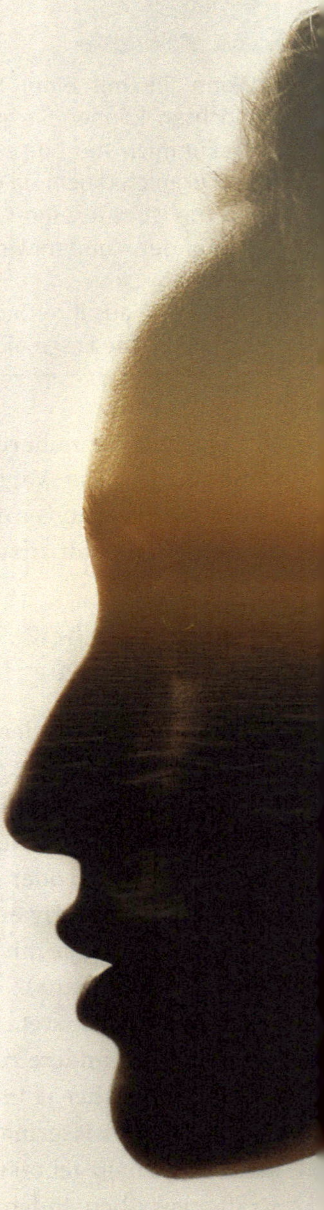

***Gute Fragen spiegeln unsere Gedanken.***

17

# Inwieweit nutzen Sie die Inwiefern-Frage?

Am Serviceschalter eines Kaufhauses beschwert sich gerade ein Kunde über einen aus seiner Sicht mangelhaft ausgeführten Änderungsauftrag an einem Mantel. Die Nähte sind – aus seiner Sicht – schlampig verarbeitet und das Material an zwei Stellen leicht abgewetzt.

Er möchte den Mantel nun billiger haben und fragt darum den Verkäufer direkt: »Können Sie mir hier den Preis reduzieren?« Worauf der Verkäufer gut geschult (mit gesenkter Stimme und treuem Augenkontakt) knapp entgegnet, dass leider keine weitere Preisreduktion möglich sei.

Nun gibt es natürlich in dieser kleinen Verhandlung kein Zauber-Allheilmittel: Oft aber hilft in solchen Situationen schon ein leicht verändertes Frageverhalten – eine leicht abgewandelte Frageformulierung mit einem anderen einleitenden Fragewort: dem »Inwieweit«. Eine erfolgversprechende Alternative wäre deshalb im beschriebenen Beispiel die Frage: »Inwieweit können Sie mir denn hier preislich entgegenkommen?«

Vielleicht haben Sie gemerkt, dass in der veränderten Frage nicht nur das Wort »Können Sie …« durch das Wort »Inwieweit« ergänzt wurde. Zusätzlich wurde noch ein anderes Bild genutzt: Das verbindende Verb »entgegenkommen«. Dieses Verb ist positiv besetzt und löst beim Gesprächspartner wesentlich positivere Assoziationen aus als das »trennende« Verb »reduzieren« in der ersten Frage.

Die »Inwieweit«-Frage – und dies betrifft auch Ihren »Zwilling«, die »Inwiefern«-Frage – fristet in unserem Fragealltag leider ein Schattendasein. Sie werden recht selten genutzt. Vielleicht hängt dies einfach mit unserem allgemeinen Sprachgebrauch zusammen, in dem wir eher seltene Wörter halt auch immer weniger benutzen.

## Warum nicht »Warum ...«, sondern »Inwiefern ...« fragen?

In Kapitel 3 haben wir uns mit dem Gegensatz von offenen Fragen (»Wie ...«, »Was ...«, »Wo ...«) und geschlossenen Fragen (»Haben Sie ...«, »Wissen Sie, ...«) beschäftigt. Während offene Fragen Ablauf und Inhalt der Antwort weitgehend wenig beeinflussen, die Antwort also offenlassen, schränken geschlossene Fragen den Antwortkorridor stark ein, fordern Entscheidungen.

Die »Inwieweit«- und »Inwiefern«-Frage liegt im Korridor zwischen diesen beiden Fragen. Und wenn man sich offene und geschlossene Fragen wie »Pole« vorstellt, dann liegen »Inwieweit« und »Inwiefern« sogar etwas näher an den geschlossenen Fragen, zeigen aber dennoch in Richtung einer offenen Antwortmöglichkeit. Daraus ergeben sich u. a. folgende Vorteile:

- Zum einen eröffnen sie neue Räume.
- Sie engen gleichzeitig die Möglichkeiten der denkbaren Antworten ein, lassen aber dennoch viele Freiheiten.
- Ein kurzes und knappes Antworten mit einem einzigen Wort – wie »ja« oder »nein« bei geschlossenen Fragen – ist nicht möglich.
- Der Befragte wird also indirekt dazu aufgefordert, eine mehr oder weniger ausführliche, eine erklärende Antwort zu geben.
- Der stark lenkende und manchmal spürbare Verhörcharakter der geschlossenen Frage wird abgemildert.

**Fragen üben**

Wenn Sie fragen, beginnen Sie Ihre Frage bei passender Gelegenheit einfach mal mit den Fragewörtern »Inwieweit« oder »Inwiefern«. Sie werden sehen: Die Antwort wird interessanter.

Aller Erfahrung nach spricht auch nichts dagegen, 80 % aller »einfach geschlossenen Fragen« durch ein Inwieweit oder Inwiefern zu ersetzen. Dadurch verbessert sich in der Regel die Frageatmosphäre nachhaltig, und auch die Möglichkeiten »neuer und überraschender« Antworten nehmen zu.

18

# Erfolgreich verkaufen: ... heißt mehr fragen!

Klaus Behrend absolviert seit einem Jahr eine Ausbildung bei einem Möbelhaus. Er hat sich für diese Ausbildung entschlossen, weil ihm der Umgang mit Menschen Freude bereitet und er sich auch allgemein für Einrichtung, Möbel und Raumgestaltung interessiert. Er wird während seiner Ausbildung vor allem durch seine Ausbilderin, Petra Hollfelder betreut. Die knapp 50-jährige Fachkraft arbeitet seit über 33 Jahren in diesem Job und verfügt über enorme Arbeits- und Lebenserfahrung.

Heute hat Klaus wieder Kundschaft, ein junges Paar Anfang dreißig, das sich für eine moderne Ledercouch interessiert. Nachdem Klaus ihnen einige gezeigt hat, hat sich ihr Interesse auf einen besonders eleganten kleinen Zweisitzer konzentriert. (Petra steht in der Nähe und kann die Szene aus der Distanz beobachten.)

Klaus kennt diesen Artikel sehr gut und beginnt ihn ausführlich zu beschreiben. Er nennt die wesentlichen Produktmerkmale im Detail, betont die hochwertige Verarbeitung, prüft die sofortige Verfügbarkeit auf Lager und am Ende hebt er auch den attraktiven Sonderpreis hervor. Das Möbelhaus hat gerade SALE-Wochen. Das Paar wirkt auch sehr interessiert, so dass Klaus sich traut, am Ende seiner Ausführungen die im Verkauf alles entscheidende Abschlussfrage zu stellen. Er macht eine kurze Pause, nimmt freundlichen Blickkontakt auf – gleichwertig an beide (wie er es gelernt hat) – und fragt: »Und, wollen Sie es nun kaufen?«

Der Mann schweigt eine kurze Weile, blickt seine Frau an, worauf diese antwortet: »Hm. Sie gefällt uns sehr gut, und ich meine, wir sind auch schon sehr interessiert, aber wollen es uns noch mal überlegen.« Dabei blickt sie ihren Mann an, der nickt, und da Klaus schweigt und freundlich nickt, bedanken sie sich für die freundliche Beratung und verabschieden sich.

Klaus ist sehr enttäuscht, weil er gehofft hat, seinen ersten größeren eigenen »Abschluss« zu platzieren. Bislang durfte er meist nur zuhören und beraten. Als Petra zu ihm tritt, bemerkt sie seine Enttäuschung. »Was habe ich falsch gemacht?«, fragt er sie. »Gleich, Du hast auch einiges gut gemacht, und dann ist es nun mal so, dass viele Kunden sich erst informieren wollen – und dann nachdenken, bevor sie kaufen. Das muss noch nichts heißen. Aber einiges kannst Du auch in der Tat optimieren.« »Was?«, fragt Klaus. »Also, zuallererst hast Du mal wieder viel zu wenig gefragt. Du hast selbst fünf Minuten am Stück geredet und Deine Kunden dabei kein einziges Mal etwas gefragt. Weißt du denn, wofür sie die Couch genau benötigen?« »Nein, aber ich denke ...«. Petra unterbricht: »Nicht, was *Du* denkst, zählt, sondern was der Kunde will«. Klaus nickt kleinlaut. Petra fragt weiter:

- »Weißt Du, wo die Couch stehen soll?«
- »Weißt Du, wie groß das Zimmer ist?«
- »Weißt Du, wie die anderen Möbel aussehen?«
- »Weißt Du, wie die Grundfarben im Raum sind?«
- »Weißt Du, wer sonst noch auf der Couch sitzen soll?«

Petra hat noch eine Reihe weiterer Fragen. Am Schluss rät sie ihrem Kollegen: »Also, Klaus, frag doch einfach mehr! Erstens erfährst Du dann viel besser, was der Kunde wirklich will und kannst ihn infolge zielgerichteter beraten. Zweitens hat dies auch eine positive Wirkung auf ihn: Du strahlst nämlich viel mehr Interesse aus am Kunden. Insbesondere durch dieses Interesse baust Du letztendlich auch eine Beziehung zum Kunden auf.

Und darüber haben wir doch schon öfter gesprochen – warum machst Du es nicht?« Klaus meint: »Hm, wahrscheinlich wollte ich es einfach zu gut machen und zeigen, was ich inzwischen gelernt habe und kann.« »Ja, das denke ich auch«, meint Petra. »Aber denk' dran: Nicht monologisieren, sondern in Dialog gehen mit dem Kunden – mit offenen Fragen.«

»O.K., O.K., schon gut, merke ich mir. Sonst noch was?« »Ja, und die knackige Abschlussfrage hast Du bei mir so auch nicht gelernt, oder?« »Nein, aber die muss man doch stellen, oder? Meinte auch der Peter vom 2. Stock. Und der Herr Becker aus der Stoff-Abteilung, der macht das auch so.«

> »Ja, mag sein, manchmal zumindest, aber beide haben auch eine andere Ware und eine andere Klientel. Da mag das so passen. Also, wie schon gesagt, ich frage erst mal Details ab. Und mithilfe der Fragen definiere ich auch Schritt für Schritt gemeinsam mit dem Kunden die entscheidenden Produktmerkmale, also in diesem Fall: Farbe, Stoff, Beweglichkeit, Beanspruchbarkeit, Umfeld etc., die für ihn auschlaggebend sind und passen müssen. So kreise ich die letztendliche Ausstattung immer mehr ein und lasse vor seinen Augen auch das Bild der Couch bei sich zu Hause entstehen.
> Wenn ich merke, das passt – und das merke ich auch an Mimik und Körpersprache der Kunden –, und wenn keine Fragen mehr kommen, dann fasse ich alles nochmals zusammen, Punkt für Punkt, lasse es mir vom Kunden jeweils mit einem ›O.K.‹ oder ›Ja‹ oder ›Schon‹ oder einem Nicken bestätigen und sage nur noch: ›Ja, dann passt das doch, dann haben Sie vielleicht das Ideale für sich gefunden ...‹, mache eine kurze Pause und sage: ›Dann lassen Sie es uns doch vielleicht festhalten‹. Und dann beginne ich den Vertrag am PC auszufüllen.
> Die Frage: ›Wollen Sie es nun kaufen?‹, also die klassische Abschlussfrage, spar' ich mir hier. Die benötige ich in diesem Zusammenhang nicht.«

»Aber es heißt doch, dass man immer die Abschlussfrage stellen muss«, meint Klaus. »Ja«, antwortet Petra, »aber manchmal ist die Abschlussfrage keine Frage.«

## Fragen üben

Wenn Sie andere beeinflussen möchten, kommen Sie nicht zu schnell zur Sache! Auch nicht mit einer Frage, die Ihrem Gegenüber eine Entscheidung abverlangt. Dies baut beim Gesprächspartner nur unnötigen Druck auf. Es verschlechtert Ihre Chancen, Ihr Ziel zu erreichen. Sie haben Zeit. Lassen Sie Ihrem Gesprächspartner ausreichend Zeit und bauen Sie Vertrauen auf. Dies erreichen Sie, indem Sie einfach mehr fragen. Erfolgreiches Verkaufen ist eine der Königsdisziplinen von guter Fragetechnik.

Abgeleitet von der sogenannten Nutzen-Argumentation, die seit den 1960er Jahren zum Standardwerkzeug erfolgreicher Verkaufsprofis gehört, empfehlen wir Ihnen die Nutzen-Frage-Analyse: Sie fokussiert den Nutzen des Produktes auf den verschiedenen Ebenen der Nutzung des Produktes im Alltag.

Hier eine Auswahl möglicher Aspekte und Fragen:

- Woraus besteht der grundlegende technische Nutzen des Produktes für den Kunden?
  - Was sind technische Ausstattungsmerkmale, die dem Kunden wichtig sind?
  - Welche Funktionen sind zentral, welche ein nettes Add-on?
- Was ist der emotionale Nutzen des Produktes für den Kunden?
  - In welchen Momenten nutzt man es?
  - Welche Gefühle sind dabei zentral?
- Wie definiert sich der soziale Nutzen für den Kunden?
  - Welche anderen Personen werden das Produkt sehen, erleben?
  - Welche Reaktion erhofft man sich?
- Wie ist der finanzielle Nutzen des Kaufs für den Kunden?
  - Welchen Preisvorteil gewinnt man gegenüber anderen Angeboten?
  - Welche Kosten spart man dadurch langfristig ein?
- Immer wichtiger wird auch der ökologische Nutzen aus Sicht des Kunden:
  - Wie ökologisch erfolgte die Herstellung?
  - Wie erfolgt eine ökologisch sinnvolle Pflege?

19

# Zirkuläre Fragen: Andere Positionen einnehmen

Zwei Kollegen, die seit Jahren befreundet sind, treffen sich nach Büroschluss in einem Café. Klaus hatte Peter um ein Treffen gebeten, da dieser parallel zu seinem Job eine Coaching-Ausbildung absolviert und ihm schon öfter bei Problemen geholfen hat.

Peter: »Schön, dass Du da bist ... die 15 Minuten Verspätung kenne ich aber gar nicht von Dir – na, ... wie geht es Dir denn so?«

Klaus: »Ja, eben nicht so gut, drum bat ich Dich ja auch um ein Gespräch ... ich hab grad ziemlich Ärger mit dem Müller aus dem Controlling.«

Peter: »Mit dem Excel-Müller«?

Klaus: »Ja, im letzten Meeting sind wir wegen seiner ewigen Zahlenfuchserei ziemlich zusammengerauscht.«

Peter: »Zahlenfuchserei?«

Klaus: »Ja, genau. Der blockiert alles mit seinem ewigen Budget-Kleinkrämertum! Damit habe ich ihn einfach mal vor versammelter Mannschaft konfrontiert; und nun beschwert er sich über mein ›unprofessionelles Verhalten‹ bei unserem Bereichsleiter.«

Peter: »Was meinst Du wohl, was er unter ›unprofessionell‹ versteht?« (1)

Klaus: »Was? Was soll die Frage? Da musst Du ihn schon selbst

| | |
|---|---|
| | fragen. Woher soll ich wissen was er damit meint? Bin ich Hellseher?« |
| Peter: | »Eher nein. Aber nochmal: Was meinst Du, was er damit verbindet? (1) Versetz' Dich einfach mal spielerisch in ihn hinein – ein wenig kennst Du ihn ja mittlerweile.« |
| Klaus: | »Ja, leider ... ach, der ist doch einfach staubtrocken. Für den ist jede Emotion im Gespräch schon ein hormonelles Hiroshima.« |
| Peter: | »Haha, seit wann hast Du so eine explosive Bildersprache ... also nochmal: Was meinst Du, wie das für ihn war vor versammelter Mannschaft?« (1) |
| Klaus: | »Na ja, mein Gott ..., eventuell schon etwas heftig ...« |
| Peter: | »Was glaubst Du, was genau es an Deiner Äußerung war, was ihn so irritiert hat?« (2) |
| Klaus: | »Weiß ich nicht mehr. Eventuell habe ich das Wort Kleinkrämer auch wirklich nicht nur gedacht, sondern auch gesagt ... aber ...« |

Lassen Sie uns diesen Dialog an dieser Stelle verlassen ... um die dabei angewandte Fragetechnik zu analysieren.

Bei dem Versuch, gemeinsam mit seinem Freund die Situation zu reflektieren, benutzt Peter eine besondere Art von Fragen, die man in der Fachsprache »zirkuläre Fragen« nennt. Der Begriff verweist auf das Bild eines Zirkels, mit dem man einen Kreis bzw. einen Bogen zeichnen kann. Und genau darum geht es hier: Diese Fragen spannen einen Bogen zu weiteren Personen an einem Geschehen und deren Sichtweisen.

Es geht also um die – wohlgemerkt – *vermutete* Sichtweise einer anderen Person. Dadurch wird der Befragte angeregt, sich in diese Person hineinzuversetzen und deren mögliche Sicht auf die Dinge zu reflektieren. Schauen wir uns einmal die entsprechenden Fragen im Detail an:

- Peter: »Was meinst Du, was er unter ›unprofessionell‹ versteht?« (1)
- Peter: »Was glaubst Du, was es genau an Deiner Äußerung war, was ihn so irritiert hat?« (2)
- Peter: »Und was vermutest Du, wie es auf die anderen gewirkt hat?« (3)

Die letzte Frage bringt eine weitere Perspektive ein: die der ebenfalls anwesenden Kolleginnen und Kollegen.

Wenn man dieses Konstruktionsprinzip der Frage aufgreift, wären noch folgende weitere Fragen möglich und ebenfalls hilfreich:

- »Was vermutest Du, wie der Bereichsleiter auf den Vorwurf von Herrn Müller reagiert hat?«
- »Was glaubst Du, was der Bereichsleiter nun unternehmen wird?«
- »Wie hättest Du Deine Kritik formulieren können, damit der Müller sich eher darauf einlässt?«
- »Was vermutest Du: Welcher erste Schritt von Dir dem Herrn Müller gegenüber könnte ein erster Weg in eine Annäherung sein?«

Diese Fragen muten im beruflichen Kontext auf den ersten Blick etwas fremd an. Und es bedarf sicher auch einer gewissen Achtsamkeit und Erfahrung, will man sie gezielt anwenden. Denn kluge Fragen sollen nicht belehren oder erziehen, sondern einen Gesprächspartner auch für andere Perspektiven sensibilisieren: die Sichtweisen, Gefühle und Reaktionen Dritter.

Zirkuläre Fragen fokussieren auf das »System« der im Kontext eines Gesprächspartners agierenden Personen (z. B. sein Chef, Kollegen, die einer Führungskraft unterstellten Mitarbeiter, Partner oder Partnerin usw.). Es wird also die Perspektive dritter Personen eingeführt, die im System des Gesprächspartners »zirkulieren«. Dadurch wird der Gesprächspartner dazu angeregt, sich in diese anderen Personen hineinzuversetzen und nicht nur seine eigene, sondern auch deren mögliche Sichtweisen zu reflektieren. Zirkuläre Fragen fördern somit auch Empathie und Verständnis für die »Realität« anderer Menschen.

**Fragen üben**

Fragen Sie viel öfter »zirkulär«! Zum Beispiel so:

- »Wenn ich Ihren Chef fragen würde: Wie würde er das Problem beschreiben?«
- »Wie sieht das wohl aus der Perspektive der Kollegen aus der anderen Abteilung aus?«
- »Wie, denken Sie, ist das Verhältnis zwischen Frau X und Herrn Y?«
- »Wie könnte ein Kollege argumentieren, der im Gegensatz zu Ihnen die Veränderung nicht für notwendig erachtet?«
- »Wenn ich Ihren ›Problemmitarbeiter‹ fragen würde, was ihn motivieren könnte, mehr zu tun – was würde er mir antworten?«
- »Was, glaubst Du, hat Deinen Kollegen bewogen, Dir an diesem Punkt die Gefolgschaft zu verweigern?«
- »Wenn ich Deinen Partner in einem vertraulichen Gespräch bitten würde, Euer Problem zu beschreiben, was würde er mir erzählen?«

## *Gute Fragen geben Struktur.*

20

# Zeigen Sie Interesse, oder: Urlaubsberichte, die leider niemand hören will

Sie können das Thema »Urlaubsberichte« in diesem Abschnitt gerne durch andere Gesprächsthemen ersetzen. Worum es hier geht, sind sogenannte »Scheingespräche«. Und es geht möglicherweise auch um Ihr eigenes Verhalten, wenn Sie den Erzählungen anderer lauschen. Aber hören wir zunächst unserer Zeitgenossin Martina Schulwitz zu.

> Martina war mit einer Freundin mit dem Fahrrad in den Alpen unterwegs: Vom Brenner aus durchquerten sie eine Woche lang die Berge und Täler der Dolomiten, um am Ende in Venedig anzukommen: Etwas erschöpft und von der Sonne gezeichnet, aber sehr zufrieden mit sich und voller neuer Eindrücke kehrt sie zurück.
>
> Im Büro wird sie gleich von dem ersten Kollegen, Werner, auf die Bräune angesprochen: »Na, wo warst Du denn? Schon wieder auf den Malediven?« Martina antwortet: »Nein, ich habe diesmal mit einer guten Freundin eine Fahrt durch die Alpen mit dem Fahrrad gemacht.« »Ja, das hat meine Frau auch mal gemacht vor zwei Jahren, das muss toll sein, besonders gut gefallen hatte meiner Frau die Strecke direkt am Gardasee entlang.« Dann erzählt er drei Minuten von den Eindrücken seiner

Frau, z.B. wie sie dort eine extrem tolle Pizzeria in den Bergen fand. Martina will gerade etwas entgegnen, als ihre Chefin sie sieht und kurz zu sich ruft.

»Na, gut erholt siehst Du aus. Wo warst Du denn im Urlaub?«, erkundigt sie sich. »Ja, ich habe mit einer guten Freundin eine Fahrt durch die Alpen mit dem Fahrrad gemacht. Wir sind vom Brenner aus ins Pustertal gefahren, und dann über eine ehemalige Bahnstrecke weiter nach Cortina.« »Ja«, sagt ihre Chefin, »davon habe ich auch schon gehört. Muss ziemlich anstrengend sein. Ich würde das ja gerne mal machen mit meinem Sohn, Du weißt ja, dass der permanent vor der Playstation hängt, und da wäre das mal eine Idee ...« Und dann erzählt sie ihr von ihrem Sohn, dass dieser die Berge langweilig findet und lieber auf die Malediven fahren würde usw. Anschließend meint sie noch: »Aber siehst gut erholt aus – die Energie wirst Du auch benötigen, denn ...« und kommt dann zu einem dienstlichen Thema.

Martina hätte gerne ein wenig von den tollen Erlebnissen aus ihrem Urlaub erzählt, aber das gelingt ihr nicht.

Und so ähnlich geht es ihr auch mit weiteren Gesprächspartnern – hier einige (abgekürzte) Auszüge aus den Zuhör-Reaktionen der Kollegen und Bekannten:

- »... ja, schön, dass Du mit dem Rad unterwegs warst ... wir sind in diesem Jahr auf Sylt Rad gefahren – mit Leihrädern, das waren E-Bikes, wirklich toll ...«
- »... ja toll, ich kenne die Gegend ..., mein Schwager Kurt hat eine Hütte in den Dolomiten, da sind wir jedes Jahr, das ist wirklich grandios, und stell Dir vor, was wir letztes Jahr dort erlebt haben ...«
- » ... ja schön, eine gute Freundin hat das auch gemacht vor drei Jahren, und bei einer Kurve kam Sie von der Straße ab und hat sich einen Arm gebrochen, der tut ihr heute noch weh ...«

Eigentlich wollte sie ja von ihrem Urlaub erzählen und hätte sich nur zwei bis drei Minuten etwas Aufmerksamkeit, Interesse und Neugier gewünscht. Wäre ihr Wunsch in Erfüllung gegangen, hätten die Kolleginnen und Kollegen z. B. wie folgt gefragt:

- »Wart Ihr zum ersten Mal da?«
- »Wie lange wart ihr denn insgesamt unterwegs?«
- »War die Radtour nicht zu anstrengend?«
- »War das Wetter O. K.?«
- »Welche Route habt ihr genommen?«
- »Wo habt ihr unterwegs übernachtet?«
- »Welche Räder hattet ihr?«
- »Welche größeren Städte habt ihr besucht?«
- »Wie war Venedig?«
- »Wie kamt ihr zurück zum Brenner?«
- »Willst du so was noch mal machen?«

Ist es nicht ein schönes Gefühl? Einfach gefragt werden – als Zeichen von Interesse und Zuwendung? Leider war es hier nicht so. Abgesehen von schnellen Bemerkungen zu Martinas ersten Informationen kommen fast alle Gesprächspartner schnell auf sich selbst und eigene Erlebnisse zu sprechen. Auf Themen, die zwar an den Informationen von Martina kurz anknüpfen, um dann aber gleich ganz andere, eigene Wege einzuschlagen. Diese Wege führen zu dem Lieblingsgesprächspartner vieler Menschen: zu sich selbst, zu eigenen Erlebnissen, Einschätzungen oder Bewertungen.

Dass das aber nicht immer so sein muss, erfährt Martina, als sie sich am Abend mit dem ehemaligen Kollegen Sven aus ihrer alten Firma trifft: Der hört ihr nach ihrem ersten kurzen Bericht aufmerksam zu und fragt auch gezielt nach, was alles im Urlaub geschah. Das genießt Martina, weil sie gerne von den Erlebnissen berichtet.

Nach ca. zehn Minuten fragt sie dann Sven, was er selbst denn im Urlaub erlebt hat, und er erzählt ihr, dass er mit seiner Frau und den Kindern in Frankreich am Meer war. Durch lockeres Nachfragen erfährt Martina, dass er in der Bretagne war, … das gute Essen genossen hat … sein Sohn fast von einer großen Welle ins Meer gezogen wurde … er auf dem Rückweg die Kathedrale in Chartres besucht hat – sogar sein sonst eher gelangweilter Sohn von der Gotik beeindruckt war … usw. … Und so ergibt sich letztendlich ein Dialog, in dem beide von sich erzählen und mehr vom anderen erfahren.

Der Schlüssel zu diesem recht gehaltvollen Gespräch sind nichts Simpleres als: Fragen.

**Fragen üben**

Wenn andere Ihnen etwas erzählen, seien es Urlaubsberichte, sonstige Erlebnisse, ein persönliches Problem: Fragen Sie bitte mehr nach! Wenn Sie mehr fragen, erfahren Sie auch mehr. Und, vielleicht noch wichtiger: Sie pflegen durch Fragen auch Ihre Beziehungen.
Natürlich immer vorausgesetzt, Sie fragen nicht rein »technisch«, sprich: berechnend oder gekünstelt. Wirkliches und ehrliches Interesse am anderen ist die Voraussetzung nicht nur für ein gutes Gespräch, sondern auch für gute Fragen (durch die ein Gespräch erst wirklich gut wird!).

21

# Mit Bildern und Metaphern: Irritieren schadet nicht

»Ich habe ja eigentlich schon alles versucht«, klagt Manfred Schmidthals, während er zuerst auf seine neue Uhr schielt und dann mit betroffener Miene seinen Coach Peter Fangmann anblickt, »aber irgendwie komme ich hier einfach nicht weiter. Ich kann es drehen und wenden, wie ich will, mein Chef nimmt mein Anliegen einfach nicht ernst, und immer wenn ich versuche, einen Termin bei ihm zu bekommen, vertröstet er mich auf kommende Woche. So geht es nun schon seit Monaten.« Dabei versinkt Manfred ein Stück weiter in seinem Sessel …

»Hm, das heißt, Sie erreichen ihn nach wie vor nicht«, kommentiert Peter die Aussage seines Klienten laut – während er für sich denkt: Ja, das beschäftigt Manfred nun schon seit nunmehr drei Monaten, und irgendwie gelingt es ihm leider nicht, einfach mal vehementer aufzutreten und dies einzufordern. … darüber haben wir schon einige Male gesprochen.

Zwischen Coach Peter und seinem Klienten Manfred besteht eine vertrauensvolle Arbeitsbeziehung. Normalerweise würde Peter dazu tendieren, nun weiter zu fragen, was genau geschehen müsste, damit Manfred seinen Chef einmal deutlich mit dessen Verhalten konfrontiert. Heute aber stellt er eine eher ungewöhnliche Frage:

»Stellen Sie sich einmal folgendes Bild vor: Das Problem mit Ihrem Chef hat es sich inzwischen bei Ihnen recht gemütlich eingerichtet. Wie ein guter alter Untermieter. Etwas lästig, aber man gewöhnt sich dran. Man kennt sich und begegnet sich regelmäßig, aber mit der Zeit stört Sie so einiges an Ihrem Untermieter. Sie beschließen, ihm zu kündigen. Meine Frage an Sie: Wie müsste denn ein Kündigungsschreiben an Ihren Untermieter aussehen, damit er endlich auszieht?«

»Was?«, brummt Manfred, während er sich aus seiner Schräglage im Stuhl langsam aufrichtet. »Was meinen Sie denn mit Untermieter? ... Ich ...« – und nun ergibt sich ein recht munterer Dialog, im Zuge dessen sich Manfred auch eigener Anteile und Gewohnheiten in seinem »Haus« bewusster wird. So fragt er sich zum Beispiel: Was habe ich eigentlich bisher unternommen, um meinem Untermieter die Grenzen aufzuzeigen? Wie lange will ich den Untermieter in meinem Haus eigentlich noch akzeptieren? Habe ich ihm eine Frist gesetzt?

Lassen Sie uns diese Szene verlassen und auf die hier vom Coach angewandte Fragetechnik blicken.

## Eine »perturbierende« Frage

Bei der Frage nach dem Untermieter handelt es sich um eine spezielle Frageform, die man in der Fachsprache als perturbierende Frage bezeichnet. »Perturbieren« bedeutet so viel wie: verwirren, irritieren, aus dem Konzept bringen. Und genau das ist die Absicht, die hinter solchen Fragen liegt:

- Man will sein Gegenüber für neue Sichtweisen öffnen.
- Verhaltensweisen, die bislang als selbstverständlich angenommen wurden, sollen in Frage gestellt werden.
- Man will eine (positive!) Irritation, ein Nachdenken beim Gegenüber erzeugen.

- Bestimmte Gegebenheiten sollen gezielt verfremdet und
- Zusammenhänge in ein neues Licht gestellt werden.

Letztendlich will ein perturbierend Fragender in einer verfahren erscheinenden Situation einfach mal einen ganz neuen Impuls setzen.

Sollen Sie nun solche Fragen wirklich stellen? Die Wirksamkeit dieser Fragetechnik hängt natürlich immer von der aktuellen Situation, besonders aber von der Beziehung des Fragenden zum Gesprächspartner ab.

- Zentral ist die unbedingt notwendige vertrauensvolle Beziehung der beiden zueinander: Nur wenn der Gefragte weiß, dass es sein Gegenüber im Kern gut mit ihm meint und er ihm vertrauen kann, wird er sich auf diese Frage einlassen. Ansonsten wird er es entweder bestenfalls als »Joke« wahrnehmen oder als irritierende Provokation, die dann natürlich mehr schadet als nutzt.
- Ebenso wichtig ist die Persönlichkeit des Gesprächspartners. Wenn dieser generell eher »ängstlich« und sehr vorsichtig wirkt, wird man es sich genau überlegen müssen, ob es angemessen ist, solche Fragen zu stellen.

Im Kern beabsichtigen perturbierende Fragen nichts anderes, als die Beziehung des Gegenübers zu seinem »Problem« einmal zu hinterfragen und beispielsweise den Aspekt zu beleuchten, dass sich möglicherweise auch eigene Anteile, meist unbewusst, mit einem Problem arrangiert haben. Und dass eine Trennung von diesem »Arrangement« eine Möglichkeit sein könnte, das Problem zu lösen.

Natürlich gibt es eine unendliche Vielzahl von Möglichkeiten, perturbierende Fragen einzusetzen. Ob eine solche Frage sinnvoll ist, hängt auf der Seite des Fragenden immer von der Situationswahrnehmung, seiner Kreativität und Empathie, auf der Seite des Gefragten von dessen Fähigkeit zur Selbstreflexion ab.

## Fragen mit Bildern und Metaphern

Wer perturbierende Fragen einsetzt, kann auch auf das Stilmittel des Fragens mit Bildern und Metaphern zurückgreifen.

**Fragen üben**

Versuchen Sie einmal, Bilder und Metaphern in Ihre Fragen einzubauen, und testen Sie die Wirkung. Diese Fragen haben oft eine große Wirkkraft, da sie die Fantasie und die Emotionen der Betroffenen ansprechen, möglicherweise auch ihre tieferen Wünsche und Bedürfnisse. Versuchen Sie es vielleicht einmal mit diesem Fragekomplex: »Angenommen, Hollywood dreht einen Film über Deine Situation:

- In welchem Genre sollte der Film spielen (Komödie, Krimi, ...)?
- Wie lautet der Titel?
- Wer ist in den Hauptrollen zu sehen?
- Welche Rolle spielst Du selbst in dem Film?
- Wer führt Regie und wie sollte der Film enden?«

In unserem Beispiel (Gespräch des Coach mit Herrn Schmidthals über dessen »Chef-Problem«) wären folgende Fragen denkbar:

- »Wenn Sie den Austausch mit Ihrem Chef wie einen Tanz sehen würden? Was wäre das für einer: ein Walzer, ein Tango, ein Charlston oder ein Rock'n'Roll?«
- »Stellen Sie sich vor, Richard Gere würde heimlich in Ihre Haut schlüpfen und – von Ihrem Chef unerkannt – statt Ihrer handeln. Was würde er tun?«
- »Eine Boulevard-Zeitung schreibt einen Artikel über Sie und Ihren Chef. Wie könnte eine knackige Überschrift über dem Beitrag lauten?«
- »An welchem Gericht köcheln Sie beide da gemeinsam seit einiger Zeit: Spaghetti all'arrabbiata, gepfefferter Gugelhupf oder Pizza mit Kirschen?«

Setzen Sie doch einfach mal »Question à la creative« auf Ihre Kommunikations-Speisekarte! Aber beachten Sie dabei als Chefkoch die wichtigsten Rezept-Hinweise:

- Kochen Sie es nicht zu heiß auf.
- Portionieren Sie passend und servieren Sie es galant.
- Das Rezept muss zum Grundgeschmack des Gastes passen.
- Und: Nehmen Sie es galant mit einer Entschuldigung zurück, wenn es nicht mundet.

**Fragen üben**

Anwendung einer metaphorischen Frage im Entwicklungsgespräch »Führungskraft – Mitarbeiter«:

»Stellen Sie sich vor, Ihr Sachgebiet ist ein Schiff, das neu in See sticht, und alle Positionen auf dem Schiff (Kapitän, Matrose, Steuermann, Koch usw.) sind noch zu besetzen. Welchen Job würden Sie sich aussuchen?« Interessant ist die mögliche Anschlussfrage: »Welche Position nehmen Sie aktuell auf Ihrem Schiff ein?«
Wie viel potenzieller Sprengstoff in zwei simplen Fragen stecken kann, ersehen Sie aus diesem Beispiel, das aus der Praxis stammt. Auf die erste Frage (Wunschposition) antwortete eine Seminarteilnehmerin: »... Steuermann natürlich!« – und auf die zweite (aktuelle Position): »... Assistentin des Hilfskochs«.

Fragen nach Bildern oder Metaphern haben oft eine große Wirkkraft, da sie die Fantasie und die *Emotionen* der Betroffenen ansprechen, möglicherweise auch ihre tieferen Wünsche und Bedürfnisse. Vielleicht stellen Sie fest, dass die Beantwortung metaphorischer Fragen nicht nur anspruchsvoll ist, sondern auch Spaß machen kann. Ein Vorteil: Komplexe Fragestellungen und Probleme können durch metaphorische Fragen entkrampft werden. Es werden Fantasie und oft auch neue Ideen freigesetzt.

***Fragen sind ein kommunikativer Fingerabdruck einer Person: »Sage mir, wie Du fragst – und ich sage Dir, wie Du bist.«***

22

# Nach vorne schauen – durch »Nach-vorne-Fragen«

Folgende Szene spielt sich in einem Unternehmen bei einem Vertriebsmeeting am frühen Montag-Morgen ab:

> »Wie kam es dazu, dass der Kunde nicht sofort von der Lieferverzögerung informiert wurde?«
> »Hm, weil wir dachten, dass wir es dennoch noch rechtzeitig schaffen.«
> »Aber Sie wissen doch, wie wichtig der Kunde für uns ist?«
> »Ja schon, aber ...«
> »Kein Aber – warum haben Sie mich nicht sofort angerufen?«
> »Da wusste ich ja noch nicht ...«
> »Wer genau ist für die Verzögerung verantwortlich?«
> »So genau lässt sich das nicht sagen, es kam viel zusammen.«
> »Aber irgendwer muss da doch geschlafen haben!«
> »Es herrscht momentan extrem viel Hektik, weil die neue Verpackungsmaschine ausgefallen ist ...«
> »Das weiß ich auch, da sagen Sie mir nichts Neues, aber ich will einfach wissen, wer daran Schuld ist!«

Wir blenden uns hier aus dem Gespräch aus. Und Sie ahnen sicher schon, wer hier wer ist. Die kurze Szene lässt kaum Zweifel darüber, wer hier als Chef und wer als Mitarbeiter arbeitet.

Hintergrund der Szene ist die Lieferverzögerung eines Produktes für einen wichtigen Kunden – ein Vorgang, wie er Tausende Male täglich in Betrieben zu beobachten ist.

Natürlich verstehen wir zunächst einmal den Chef, wenn er die Hintergründe klären will, um daraus zu lernen bzw. wenn nötig auch Verantwortliche zur Rechenschaft zu ziehen. Die Frage ist nur, wann der Chef glaubt, genug zu wissen – und wie es dann weitergeht. »Fragetechnisch« gesprochen heißt das: Wann verlässt der Chef die primär vergangenheitsbezogene (= anklagende) »Tonspur« und wendet sich einer zukunftsbezogenen (= lösungsorientierten) Filmspur zu.

## Nicht so viel zurückblicken!

Lösungsorientiert fragen heißt, den Blick abzuwenden von den ausschließlich Problem-verursachenden Faktoren und den Fokus stattdessen auf Aspekte zu lenken, die zu einer Lösung führen könnten. In der Praxis verbeißen sich viele Fragende in dem anklagenden »Warum war das damals so?« und erzeugen so tendenziell negative »Energie«. Wichtig für den Gesprächspartner ist es aber, sich nach einer angemessenen Zeit aus einer »Schuld-Lähmung« zu lösen und nach vorne zu blicken. Hierbei können gezielte Fragen unterstützen.

Solche lösungsorientierten Fragen des Chefs könnten im vorab beschriebenen Beispiel etwa lauten:

- »Welche Kontrollschritte könnten wir denn einbauen, wenn wir zukünftig sich anbahnende Verzögerungen früher erkennen wollen?«
- »Welche Maßnahmen zur Früherkennung schlagen Sie vor?«
- »Brauchen Sie etwas, um selbst früher eingreifen zu können?«
- »Was können wir tun, um in solchen Fällen eine Art Kriseninterventionsteam einzuberufen?«
- »Was können wir dem Kunden in solchen Fällen alternativ anbieten?«
- »Was könnten wir denn gemeinsam tun, um die Entscheidungsprobleme im Team zu reduzieren?«

Natürlich gibt es noch viel mehr Möglichkeiten, lösungsorientiert zu fragen, auch in diesem Beispiel. Allen Möglichkeiten gemeinsam ist, dass sie einerseits sehr wohl immer auch das »Problem« im Auge haben, andererseits aber sehr früh nach potenziellen Lösungen und ersten Schritten zur Verbesserung suchen.

Systematisch gibt es folgende Ansatzpunkte für lösungsorientierte Fragen:

- den Vorfall an sich (»Wie könnte man diesen Prozess früher erkennen?«)
- die Person des »Betroffenen« (»Was brauchen Sie, um hier schneller zu reagieren?«)
- die Person des Fragenden (»Was brauchen Sie von mir, damit Sie schneller reagieren können?«)
- das Umfeld (»Welche Rahmendbedingungen müssen wir möglicherweise anpassen, damit wir schneller reagieren?«)
- die Situation an sich
(»Wie können wir verhindern, dass sich solche Gegebenheiten wiederholen?«)

Im Kern kommt es aber immer auf die innere Haltung des Fragenden an, und dieser führt ...

- weg vom einsamen Anklagen
- und hin zur gemeinsamen Lösungssuche.

**Fragen üben**

Fragen Sie nicht nur vergangenheitsbezogen!
Ihr Gegenüber schildert Ihnen ein Problem. Wenn Sie nun Fragen stellen, versuchen Sie einmal, Ihre Fragen so einzuteilen, dass sich mindestens die Hälfte Ihrer Fragen auf die Zukunft und auf zukünftig mögliche Entwicklungen beziehen.
Beispiel: »Wenn Du Dich mal fünf Jahre in die Zukunft denkst, was glaubst Du, wie Du mir dann rückblickend über das Problem berichtest?«

23

# Aus der Hubschrauber-Perspektive fragen

Zwei seit langem zusammenarbeitende Kollegen aus der Werbeabteilung sitzen gerade über einem Text für einen neuen Flyer, in dem eine neue Produktreihe von Druckern vorgestellt werden soll. Da der geplante Produktionstermin relativ »sportlich« gesetzt ist, sind beide relativ angespannt.

Sie besprechen gerade die Auswahl und Platzierung eines Fotos, als sich folgender Dialog entspinnt:

Stefan: »Das Foto passt da überhaupt nicht, es ist viel zu abstrakt und technisch, weil ...«

Andreas (unterbricht): »So ein Quatsch, das ist nicht abstrakt, das ist nur technisch – und das brauchen wir an der Stelle, um unsere hohe Qualität zu zeigen ...«

Stefan (unterbricht): »Du und Deine völlig überzogenen Technik-Freak-Ideen, das ist immer dasselbe mit Dir! Wir wollen Nutzen verkaufen und keine Nano-Partikel-Oberflächen-QPW5-Technik. So geht das nicht ...«

Andreas (unterbricht): »Und genau das ist es: Wir verkaufen hier keine Gummibärchen oder Tomaten, sondern High-Tech. Und Du mit Deiner bunten Bildchen-Story von happy family, das geht mir nur auf den Zeiger, das ist Heimkino der 90er Jahre gemischt mit Märchen-Erzählen!«

So geht es eine Weile weiter, der Ton wird gereizter. Bis nach einer Weile Andreas spontan aufsteht, zum Fenster geht und einen Moment schweigt.

Stefan: »Was is' denn jetzt schon wieder – spinnst Du? Komm her!«

Andreas: »Nein, ich frag' mich nur grad, was wir da eigentlich machen …
Weißt Du, das ist ja nicht das erste Mal, dass wir uns wegen Flyern oder der Website so in die Haare kriegen, das bringt doch nix … Am Anfang diskutieren wir über ein Detail, dann verhaken wir uns da, Du wirfst mir vor, ich sei zu Technik-orientiert; dann kommt bei mir das Unverständnis für Deine Grafik-Orientierung, und dann kippt das und so weiter.
Wenn uns da einer von außen beobachten würde, der würde sich kringeln oder uns für eine Woche in die Klapse schicken.
Lass uns doch diesmal damit aufhören und stattdessen drüber reden, *was* wir da immer machen und *wie* wir da rauskommen.«

Wir verlassen die Szene, um von außerhalb mit etwas Distanz darauf zu sehen – genau das macht nämlich Andreas auch: Er beendet den Kreislauf von Vorwurf und Gegenvorwurf erst einmal und geht durch sein abruptes Aufstehen in Distanz zur Situation. Dann schaut er von außen auf das Gespräch, das er mit Stefan führt. Und zwar ganz einfach mit der Frage: »Was machen wir denn da gerade?«

In der Fachsprache nennt man das Metakommunikation (von griechisch Meta = über) bzw. auch modern formuliert »Helikopter«-Kommunikation: weil man sich wie in einem startenden Helikopter vom Boden (der Vorwürfe) löst und die eigene Szene nun von oben ansehen kann.

Diese Helikopter-Kommunikation unterbricht die Spirale von »Vorwurf – Gegenvorwurf« im Sinne von »Du bist der böse Täter – ich das Opfer« und sucht stattdessen nach gemeinsamen, nicht zielführenden Mustern, die es zu unterbrechen gilt. Zentral ist, dass in Wortwahl und Ton der »Kampf« nicht verdeckt fortgesetzt – nach dem Motto: »Ich bin hier der Kommunikationsexperte und belehre Dich nun mal, was hier Sache ist« –, sondern dass eine neutrale und wohlwollende Position eingenommen wird.

Metakommunikation ist sehr hilfreich, erfordert von beiden Gesprächspartnern aber auch viel Wohlwollen und die Bereitschaft, sich ein Stück zu hinterfragen, um dann gemeinsam mit dem Partner Auswege zu suchen.

### Fragen üben

Wenn Sie das Gefühl haben, sich in einem Gespräch zu verhaken oder immer wieder im Kreis zu drehen, versuchen Sie einmal, die »Helikopter«-Perspektive einzunehmen.
Hierzu können Sie bestimmte Fragen benutzen. Geeignete sind beispielsweise:

- »Wie würde denn ein Außenstehender diese Situation hier gerade beschreiben?«
- »Was passiert denn da gerade wieder zwischen uns beiden?«
- »Was machen wir denn da gerade?«
- »Welcher Film läuft denn zwischen uns gerade ab?«
- »Warum verhaken wir uns eigentlich bei diesem Thema immer wieder?«
- »Was könnten wir denn zukünftig tun, um nicht wieder in diese Situation zu geraten?«
- »Was sind denn unsere eigenen persönlichen Anteile, dass wir uns immer wieder so verfangen?«

*Gute Fragen
weisen Wege.*

24

# Personalauswahl: Kritische Ereignisse

Petra Morgenthaler von der Personalabteilung sowie ihre Kollegen aus der Fachabteilung Dr. Susanne Boschbach-Reithofer und Hendrik de Gruil arbeiten bei einem bekannten Sportartikelhersteller. Sie haben sich auf ein anstehendes Bewerbergespräch wie immer gut vorbereitet. Diesmal suchen Sie eine/n Produktmanager/in für das Marketing, es haben sich über vierzig Personen über das Internet beworben, davon haben sie fünf in die engere Wahl gezogen.

Ihnen gegenüber sitzt nun Pascal Mergenbacher, ein Bewerber, der nach einer Banklehre und einem Hochschulstudium bereits bei zwei Firmen in ähnlichen Funktionen angestellt war und sich nun nach einer neuen Herausforderung umsieht.

Das Gespräch dauert ca. 30 Minuten, und nach dem obligatorischen Smalltalk stellen sich die drei Interviewer jeweils vor und erzählen vorab etwas über die ausgeschriebene Stelle. Anschließend bitten sie den Bewerber, doch einmal zu berichten, wie er auf die Stelle aufmerksam wurde und was ihn motivierte, sich zu bewerben. In diesem Zusammenhang fordern sie ihn auch auf, etwas ausführlicher auf seinen Lebenslauf einzugehen und für ihn wichtige Etappen näher darzustellen. Immer wieder stellen sie hier vertiefende Fragen zu wichtigen Wendepunkten und Entscheidungen.

Sie nähern sich dabei Schritt für Schritt den Erfahrungen und Leistungen aus seiner aktuellen Arbeitsstelle. Der Bewerber macht bislang einen sehr erfahrenen und selbstsicheren Eindruck und findet auf alle Fragen der Interviewer stets schnell Antworten.

»Ja, Herr Mergenbacher,« ergreift Dr. Susanne Boschbach-Reithofer nun das Wort, »nun konnten wir uns ein erstes Bild Ihrer bisherigen Erfahrungen machen; vielen Dank für Ihre offenen Antworten und Ihre Gedanken hierzu. Lassen Sie uns nun doch noch einen Schritt weitergehen; wir möchten gerne wissen, wie Sie sich in konkreten Situationen Ihrer neuen Stelle verhalten würden. Stellen Sie sich bitte hierzu folgende Situation vor: Sie stecken gerade mitten in der Markteinführungsphase eines neuen E-Bikes, die Prospekte mit den wesentlichen technischen Daten sind schon gedruckt, auch auf der Internetseite haben Sie entsprechende Details veröffentlicht, und eine Reihe von Händlern hat auch schon erste Mengen fest geordert. Da ruft Sie der Vertriebsleiter des Herstellers an und informiert Sie, dass es mit der Produktion einer technischen Neuerung unerwartet Probleme gäbe und diese in dieser Form nicht realisierbar ist. Man könnte auf eine 15 % teurere bestehende Variante zurückgreifen oder die Markteinführung um drei Monate verschieben. Wie reagieren Sie?«

Der Bewerber schaut im ersten Moment etwas überrascht, dann beginnt er zögerlich zu reden: »Also, ich weiß ja nicht ...«

## Wie suchen Sie Bewerber aus?

Lassen Sie uns hier diese Szene verlassen und ganz allgemein das Vorgehen analysieren. Die Auswahl von geeigneten Bewerbern gehört zu den schwierigsten Aufgaben von Fach- und Führungskräften in Unternehmen. Viele Forschungen haben gezeigt, dass Erfolg und »Trefferquote« von mehreren Faktoren beeinflusst wird.

Neben der Qualifikation der Interviewer und der Struktur des Interviews bildet eine sorgfältige Aufgabenanalyse und deren Abbildung durch Fragen ein zentrales Merkmal gelungener Interviews. Aufgabenanalyse bedeutet, dass die wichtigen Aufgaben an der zukünftigen Arbeitsstelle sorgfältig analysiert und ausgewertet werden. Dies geschieht in der Regel durch Experten und/oder (ehemalige) Stelleninhaber auf der Position. Die Kernfrage ist immer: Was kennzeichnet einen erfolgreichen Stelleninhaber an dieser Position? Als besonders wirkungsvoll herausgestellt hat sich das Vorgehen, sich von allgemeinen Kompetenzen an dieser Stelle erst einmal zu lösen (z. B. Teamfähigkeit, Durchsetzungsfähigkeit, schnelles Problemlösen, ...) und sich stattdessen konkreten Situationen zuzuwenden.

So kann man zum Beispiel Ex-Stelleninhaber/Kollegen der zu besetzenden Stelle gezielt fragen, was denn typische Problemsituationen sind, die real aufgetreten sind oder regelmäßig auftreten, und wie sich in diesen Momenten erfolgreiche Stelleninhaber verhalten haben bzw. welche Fehler sie machten. Mit diesen Situationen konfrontiert man dann – wie in der dargestellten Szene – die einzelnen Bewerber – und bewertet deren Reaktionen.

Als ersten Maßstab für diese Bewertung hat man also die Aussagen der Personen, die diese Situationen berichten. Darüber hinaus kommt es im Einzelfall aber natürlich auch immer darauf an, wie der Bewerber reagiert,

- also z. B. wie schnell (überhastet) sie/er antwortet oder wie bedächtig,
- welche übergeordneten Strategien der Problemlösung sie/er anwendet,
- welche Lösungsalternativen sie/er entwickelt
- und wie sie/er diese bewertet, gegeneinander abwägt.
- Eine wichtige Rolle spielt auch, inwieweit sie/er in dieser Situation selbst weitere Fragen zur Analyse der Situation stellt – oder was sie/er unhinterfragt unterstellt.

In der Fachsprache nennt man diese Technik auch Critical Incident Technique – CIT abgekürzt; erstmals beschrieben und maßgeblich entwickelt wurde sie von dem US-Psychologen J. C. Flanagan. In abgewandelter Form wird dieses Vorgehen auch so angewandt, dass man die Bewerber bittet, erfolgskritische Situationen aus ihrem bisherigen Berufsleben zusammen mit ihren Reaktionen darauf zu berichten. Auch dies liefert wertvolle Informationen über ihre Kompetenzen.

Insgesamt weisen viele Studien darauf hin, dass durch dieses Vorgehen die Bewerberauswahl erheblich erfolgreicher wird. Dass die Methode in der Praxis dennoch nicht sehr verbreitet ist, ist verwunderlich. Es mag vielleicht damit zusammenhängen, dass sie mit einigem Aufwand verbunden ist: Man muss intensive Gespräche mit (ehemaligen) Stelleninhabern, Kollegen und/oder Experten führen. Und diese dann strukturiert auswerten und in geeignete Fragen umwandeln.

Gleichwohl zeigt sich auch an dieser Stelle wieder einmal: Wer frühzeitig die richtigen Fragen stellt, muss sich später nicht mit ausweichenden Antworten herumschlagen (»Warum haben Sie denn gerade *den* Bewerber gewählt …«).

25

# Mit Fragen Motivation auslösen

Die Szene spielt sich während eines Seminars zum Thema »Führung und Kommunikation« in einem modernen Seminarhotel ab. Die Gruppe sitzt zusammen und der Trainer referiert gerade über Führungsstile und Führungsphilosophie.

Da meldet sich ein Teilnehmer: »Ich habe noch eine Frage in diesem Zusammenhang zum Thema Motivation.«

Trainer: »Das ist zwar ein extra Themenbereich, über den wir morgen ausführlich noch reden werden, aber natürlich können wir auch heute schon darauf ein Stück eingehen.«

Teilnehmer: »Ich suche Tools und Techniken, wie ich meine Mitarbeiter motivieren kann. Da gibt es doch sicher hilfreiche Tricks, wie ich demotivierte Mitarbeiter wieder in die Spur bringe uns vielleicht auch zu Performern mache.«

Trainer (schmunzelt ein wenig): »Ja, da gibt es sehr viele Theorien, da haben Sie völlig Recht. Allerdings sind sich die modernen Theorien weitgehend einig, dass es erstens keine Patentrezepte gibt und dass man zweitens auf jeden einzelnen individuell eingehen sollte, um herauszufinden, was speziell diese Mitarbeiterin/diesen Mitarbeiter motiviert oder demotiviert. Und eines der wichtigsten Instrumente – oder Tools, wenn Sie es so nennen wollen – sind: Fragen!«

Teilnehmer (schaut überrascht): »Wie meinen Sie das?«

Verlassen wir nun diese Szene.

## »Mega-Thema« Motivation

Das Thema Motivation ist sicher eines der zentralen Themen, und für Führungskräfte eine der zentralen Herausforderungen im betrieblichen Alltag. Hierzu gibt es auch eine schier unendliche Fülle von Literatur: von 1000-seitigen akademischen Fachbüchern über kompakte Praxis-Ratgeber (auch als PDF-Download) bis hin zu dreiminütigen Podcasts im Internet. Eines der zentralen Merkmale aller seriösen Veröffentlichungen ist jedoch gleichermaßen die Hinwendung der Führungskraft zum Mitarbeiter mit der einen zentralen Frage: »Wie geht es Ihnen, und was benötigen Sie, um optimale Leistung zu bringen?«

Statt nun nach manipulativ angehauchten psychologischen Tricks und Tools zu suchen, bietet es sich an, einfach in Kontakt mit dem Mitarbeiter zu treten und über passende Fragen und zugewandtes Zuhören sich dessen »innerer Motivationslandschaft« zu nähern. Welche weiteren Ideen/Maßnahmen/Schritte man daraus (gemeinsam) ableitet, ist der nächste Schritt.

Also sollten wir beim Thema Motivation nach geeigneten Fragen suchen. Vereinfacht lassen sich die Kernaspekte von Motivation zu vier Bereichen zusammenfassen, aus deren Wechselspiel – zusammen mit der Persönlichkeit des Mitarbeiters – sich letztendlich die Motivation ergibt: *das Aufgabengebiet, die Kollegen, die Führungskraft und das Umfeld.*

Nachfolgend finden Sie – geordnet nach diesen vier Facetten – eine erste Auswahl passender Fragen:

*Fokus A): Das Aufgabengebiet*

- »Wie zufrieden Sind Sie aktuell mit Ihrem Aufgabengebiet?«
- »Welche Aufgabe macht Ihnen besonders Freude?«
- »Welche Aufgabe empfinden Sie als eher unerfreulich?«
- »Bei welchen Tätigkeiten erleben Sie fast so etwas wie ›Flow‹«?

- »Welche Arbeiten erledigen Sie gerne (bzw. welche eher nicht)?«
- »Welche Teile Ihres Aufgabengebiets würden Sie gerne abgeben?«
- »Gibt es Arbeiten, die Sie gerne zusätzlich übernehmen würden?«
- »Wenn Sie zu Ihrem aktuellen beruflichen Kontext einen Wunsch frei hätten, wie würde der Wunsch lauten?«

*Fokus B): Die Kollegen*
- »Wie wichtig ist für Sie das Klima im Team?«
- »Wie schätzen Sie das aktuelle Klima im Team auf einer Skala von 1 bis 10 ein?«
- »Wie ist der Umgang miteinander im Team auf einer Skala von 1 bis 10?«
- »Wie vertrauensvoll ist der Umgang im Team auf einer Skala von 1 bis 10?«
- »Wie offen können Sie sich austauschen im Team?«
- »Wie wichtig sind Sie für Ihre Kollegen im Team?«
- »Inwieweit finden Sie Unterstützung im Team bei Problemen?«
- »Wie offen können Sie bei Problemen mit Kollegen reden?«
- »Wie motivierend erleben Sie das Team?«

*Fokus C): Die Führungskraft*
- »Wie erleben Sie den Kontakt zu Ihrer Führungskraft?«
- »Was schätzen Sie an Ihrer Führungskraft (besonders)?«
- »Was stört Sie an Ihrer Führungskraft (besonders)?«
- »Wie häufig sucht die Führungskraft Kontakt zu Ihnen?«
- »Welche Bedeutung hat der Kontakt für Sie?«
- »Würden Sie gerne mehr oder weniger Kontakt haben?«
- »Auf einer Skala von 1 bis 10: Wie intensiv ist der Kontakt?«
- »Wie motivierend empfinden Sie den Kontakt?«

*Fokus D): Die Organisation*

- »Wie sehen Sie das Image der Organisation?«
- »Wie stolz sind Sie, hier zu arbeiten?«
- »Welche (Moral-, Werte-)Begriffe leiten diese Organisation?«
- »Was bedeutet dies für Ihre Motivation?«
- »Wie sollte sich Ihre Organisation verändern?«
- »Welche Veränderung der letzten Jahre bedauern Sie?«
- »Für wie lernfähig halten Sie Ihre Organisation?«
- »Können Sie gemeinsam mit der Organisation lernen?«
- »Inwieweit erkennt die Organisation zukünftige Trends?«

Natürlich ist dies nur eine erste Auswahl möglicher Fragen. Und natürlich hängt die Wirkung des Gesprächs mithilfe dieser oder ähnlicher Fragen immer vom Verlauf des Gesprächs und der Qualität des Kontaktes zwischen Ihnen und dem Mitarbeiter ab.

Aber im Kern geht es nur um das eine: den Mitarbeiter umfassend in seiner »Eigenart«, seiner individuellen Persönlichkeit zu verstehen, seine Wünsche/Bedürfnisse zu erkennen und gemeinsam abzuwägen, was davon in welchem Umfang bis wann umsetzbar ist, und was vielleicht aus welchen Gründen auch nicht.

**Fragen üben**

*Gute Fragen motivieren!*

Sie glauben, dass die Motivation in Ihrem Team insgesamt noch viel Luft nach oben hat? Dann finden Sie heraus, warum! Vermeiden Sie die Frage: »Warum bist Du/seid Ihr nicht motiviert?« Stellen Sie stattdessen einzelnen Kolleginnen und Kollegen *gute* Fragen. Kaum zu glauben, aber wahr: Gute Fragen (Beispiele siehe oben) sind schon die halbe Miete, wenn Sie bei anderen Menschen Motivation auslösen möchten. Mit guten Fragen signalisieren Sie Ihrem Gegenüber nichts Geringeres als Ihr aufrichtiges Interesse an seiner Person. In jeder guten Frage liegt Wertschätzung! Das motiviert.

*Gute Fragen ergründen das Widersprüchliche.*

26

# Interventionen: Fragen, die ein Leben verändern können

Sabine genießt die Sonne im Gesicht und das Geräusch der Wellen, das sie im Hintergrund hört. Dieses Geräusch ist nicht der Klang ihres Handys, wie sie ihn lange Zeit als Anrufsignal entsprechend eingestellt hatte. Diesmal ist es echt. Und das Handy abgeschaltet im Hotel. Sabine hat sich eine Auszeit genommen – für vier Wochen weg vom Job, Urlaub an der Ostsee, allein. Ihr Partner hatte Verständnis dafür.

Wobei »allein« nicht stimmt – die erste Woche (also jetzt) hat sie sich für ein Resilienz-Seminar mit einer Gruppe angemeldet. Sie spürt, dass sie etwas verändern muss. In den letzten Monaten nahm eine Art Rauschen in den Ohren zu und öfter war ihr schwindelig. Ein guter Freund, dem sie das erzählte, beichtete ihr von eigenen Stress- und Überbelastungs-Symptomen in dieser Richtung, die für ihn mit einem Tinitus endeten. Er riet ihr, aktiv zu werden und etwas für sich zu tun. So kam es zur Anmeldung.

Das Seminar hat am Vorabend begonnen und nun sitzen alle Teilnehmerinnen und Teilnehmer einzeln und verstreut am Meer – einige in den Dünen, andere am Wasser, andere weiter im Hinterland –, jeweils mit einer Reihe von Blättern und einem Stift. Auf den Blättern stehen jeweils eine Reihe Fragen – und die Seminarleiter haben den Teilnehmern den Auftrag erteilt, sich eine schöne Stelle zu suchen, in der sie sich wohlfühlen. Sie sollen in Ruhe die Fragen lesen und sich Gedanken darüber machen. Es war nicht die Aufgabe – wie früher aus der Schule bekannt –, die richtigen Antworten zu finden und zu notieren, sondern sich von den Fragen anregen zu lassen und – soweit man dazu Lust hatte – spontane Gedanken zu notieren, was einem gerade so durch den Kopf ging. Die Fragen auf dem ersten Blatt lauten:

- Wer bin ich?
- Was macht mich aus?

Sabines erste Reaktion war ein Kopfschütteln. »So ein Psycho-Quatsch, ... ich weiß doch, wer ich bin«, ging ihr durch den Kopf. Und spontan gab es einen Impuls, trotzig und Business-like mit dem Bleistift ihren Lebenslauf zu skizzieren. Aber dann lehnte sie sich zurück und begann ernsthaft über diese Fragen nachzudenken.

Sie bemerkte, wie ihre Gedanken immer wieder zu aktuellen Problemen im Job abschweiften, aber sie versuchte, das langsam in den Hintergrund zu stellen. Und bemerkte auch, dass sie ruhiger wurde – wenn auch zunehmend nachdenklich.

Fragen dienen, weder im privaten noch beruflichen Kontext, ausschließlich dazu, Antworten zu erzielen oder Informationen zu erhalten. Das ist sicherlich ein wesentlicher Aspekt von Fragen. Aber eben nur *ein* Aspekt.

## Durch Fragen zur Reflexion

Ein anderer wichtiger – und meist äußerst »wirkmächtiger« – Aspekt von Fragen ist es, Reflexionen beim Gegenüber anzustoßen. Gute Fragen sind immer auch »Interventionen«, sie zwingen Ihren Gesprächspartner, innezuhalten und, sei es auch nur kurz, nachzudenken.

Dies ist auch der vielleicht grundlegendste Impuls, den wir Ihnen mit diesem Buch mit auf den Weg geben wollen.

Durch eine einzige Frage an einen Gesprächspartner oder an sich selbst kann nachhaltige Reflexion ausgelöst werden. Die Frage »Was ist Dir wirklich wichtig im Leben?« ist zum Beispiel eine solche Frage. Man könnte auch fragen: »Welche drei Dinge sind am wichtigsten in Deinem Leben? Und was folgt für Dich konkret daraus?« (Teil 1 dieser Frage ist eine Skalierungsfrage, siehe Kapitel 13)

Bei vielen solcher Fragen ist es erst einmal gar nicht so bedeutsam, welche Antwort man darauf spontan findet. Das Nachdenken über die Frage hat schon einen Wert an sich. Denn sie wirkt, indem neue Gedanken, Bilder oder Ideen entstehen. Wichtig bei solchen Fragen ist, dass Sie ...

- offen formuliert, also nicht mit »ja« oder »nein« zu beantworten sind,
- ohne indirekten Vorwurf erfolgen (»Wann wirst Du endlich ...?«),
- und auch ein oftmals bohrendes »Warum« schadet eher.

Diese – im weitesten Sinne psychologischen oder philosophischen – Fragen beschäftigen sich mit Grundfragen menschlichen Erlebens und Verhaltens. Sie sollen die Einfühlung und Reflexion in die eigene Gefühlswelt ermöglichen.

### Fragen üben

Wenn Sie mehr über Ihr Leben erfahren möchten, lernen Sie, die entscheidenden Fragen zu stellen. Zum Beispiel:

- »Was sind Aspekte und Gründe, warum es mir gerade aktuell gutgehen kann?«
- »Was mag ich an mir?«
- »Was kann ich wirklich gut?«
- »Worauf bin ich stolz?«
- »Was an mir lässt mich wohlwollend schmunzeln?«
- »Was schätzen andere Menschen an mir besonders?«

- »Was kann ich anderen Menschen geben, das ihnen guttut?«
- »Was würde ich in meinem Leben nochmal gerne lernen?«
- »Welches meiner Talente liegt im Moment leider brach?«
- »Wo stehe ich mir oftmals selbst im Weg?«
- »Wie gehe ich damit um, wenn ich etwas nicht so gut kann?«
- »Wie gehe ich mit Kritik anderer an mir um?«
- »Welche Kritik höre ich nicht so gern – auch wenn ich schon ahne, dass ein Fünkchen Wahrheit drinsteckt?«
- »Mit welchen Menschen habe ich aktuell Konflikte, die mich belasten?«
- »Kann ich auch eigene Anteile erkennen?«
- »Was könnte ein allererster kleiner Schritt sein, um da rauszukommen?«
- »Von welchen Menschen möchte ich noch viel lernen?«
- »Was können diese Menschen ihrerseits von mir lernen?«
- »Von welchen Menschen fühle ich mich besonders geliebt und beschenkt?«
- »Inwieweit kann ich das annehmen?«
- »Inwieweit kann ich es auch zurückgeben?«

Sicher fallen Ihnen noch viel mehr – und noch viel bessere – Fragen ein, mit denen Sie Ihre aktuelle Situation, aber auch Ihre Möglichkeiten oder tieferen Wünsche reflektieren können.

27

# Welcher Frage-Typ sind Sie?

Falls Sie sich noch besser kennenlernen möchten, können Sie dies durch Selbstbeobachtung tun. Ob Sie es glauben oder nicht: Auch daran, wie Sie andere etwas fragen, können Sie etwas über sich selbst erfahren. Die Art und Weise, wie Sie anderen eine Frage stellen, kann gute Hinweise auf Ihre Persönlichkeit geben.

»Sage mir, welcher Typ Du bist, und ich sage Dir, wie Du fragst!« – Sind Sie eher der »dominante«, »intuitive«, »stetige« oder der »gewissenhafte« Typ? Und was sagt das überhaupt aus über Ihre Persönlichkeit und Ihre Beziehung zu anderen?

Stellen Sie sich folgende Situation vor: Zwei Kollegen verlassen ein längeres Meeting und unterhalten sich.

Kollege A: »Der neue Logistik-Leiter war heute mal wieder heftig drauf, er hat teilweise versucht, dich mit seinen Fragen richtig zu verhören (klopft seinem Kollegen aufmunternd auf die Schulter) – aber hast Dich wacker geschlagen.«

Kollege B: »Zugegeben, das war nicht schlecht von ihm (schmunzelt), aber ich kenne ihn ja inzwischen, das ist eben ein waschechter Tief-Roter, der kann nicht anders als so zu fragen.«

Kollege A: »Was? Der soll ein Linker sein? Nie im Leben.«

Kollege B: »Quatsch, nicht politisch. Ich meinte das in Bezug auf das DISG-Persönlichkeitsprofil, das uns vor kurzem im Seminar vorgestellt wurde, hast du es schon wieder vergessen?«

## Das DISG-Persönlichkeitsmodell

Das DISG-Modell ist ein vielfach verwendetes Model zur Beschreibung persönlicher Präferenzen und Verhaltensweisen. Es kann helfen, sich selbst besser zu reflektieren und zu verstehen. Das Modell geht auf den amerikanischen Psychologen William M. Marston zurück. Dieser entdeckte in den 1920er Jahren, dass unser Verhalten durch zwei Faktoren bestimmt ist: davon, ob der Mensch die Situationsumgebung als günstig oder ungünstig wahrnimmt, und ob sich der Mensch in seinem direkten Umfeld als stark oder eher schwach betrachtet.

Auf der Grundlage dieser Erkenntnis hat John G. Geier in den 1970er Jahren das spätere DISG-Modell zu den *vier Persönlichkeitstypen* weiterentwickelt und verbreitet. Die vier Persönlichkeitstypen in diesem Modell sind: *dominant, initiativ, stetig, gewissenhaft.*

Es dient nicht nur dem Bestreben, sich selbst besser zu verstehen. Es soll auch dazu führen, die individuellen Eigenheiten und Merkmale fremder Personen zielgerichteter zu erkennen und letztendlich auch respektieren zu können. Die vier verschiedenen Typen des DISG-Persönlichkeitsmodells:

- *Der D-Typ (Farbe: rot) – DOMINANT:* Sie/er sucht vor allem Lösungen für Probleme und will diese sofort umsetzen. Sie/er ist ungeduldig, Einwände werden als Ausweichen interpretiert. Macht und Autorität werden zielgerichtet zur Konfliktlösung eingesetzt.
- *Der I-Typ (Farbe: gelb) – INTUITIV:* Dieser Typ kommuniziert eher taktvoll und versucht andere zu überzeugen. Auftretende Widerstände und Spannungen werden auch mit Humor abgebaut – gleichwohl spielt auch hier das Erreichen eigener Interessen eine bedeutende, wenn nicht vorherrschende Rolle.
- *Der S-Typ (Farbe: grün) – STETIG:* Menschen mit dieser primären Verhaltenstendenz wollen vor allem im Einklang mit anderen stehen. Sie bleiben geduldig und gefasst, wenn andere

Standpunkte auftreten. Sie erwarten Struktur und Sicherheit und schenken auch Details gerne ihre Aufmerksamkeit.

- *Der G-Typ (Farbe: blau) – GEWISSENHAFT:* G-Personen sind in der Regel sehr diplomatisch und taktvoll, halten sich tendenziell gerne im Hintergrund. Sie legen aber großen Wert auf ein systematisches Vorgehen, alles sollte sich »ordentlich« und entlang fixierter Regeln abspielen.

Natürlich gibt es solche »Persönlichkeitstypen« nicht in Reinform, auch sind die beschriebenen Verhaltensweisen in der Praxis eher selten eins zu eins darstellbar. Aber die meisten Menschen lassen sich tendenziell doch diesen übergreifenden Kategorien zuordnen. Im Kern ihrer Persönlichkeit tendieren sie zu einem der vier Pole. Dies hat direkten Einfluss auf die Art und Weise ihrer Kommunikation, und damit auch auf ihr Frageverhalten.

Konkret: In unserer Art und Weise, zu fragen, sind wir auch von der Grundpersönlichkeit geprägt, die wir quasi in unserem persönlichen Rucksack mit uns tragen. Wenn wir also unser Frageverhalten verbessern wollen, geht es auch darum, eigene grundsätzliche Verhaltenstendenzen zu reflektieren und möglichst damit in Verbindung stehende Chancen und Risiken zu berücksichtigen. Das DISG-Modell ist in der aktuellen akademischen Forschung aber auch umstritten. Diese favorisiert entweder den »Big-Five« Ansatz mit fünf großen Persönlichkeitsfaktoren (Aufgeschlossenheit, Gewissenhaftigkeit, Extraversion, Verträglichkeit und Neurotizisus) bzw. noch umfangreichere Modelle. Einfache Typisierungen wie im DISG werden strikt abgelehnt. Gleichwohl die Kritik am DISG-Modell in vieler Hinsicht nachvollziehbar ist, soll dies hier in den Hintergrund treten: In unserem Kontext geht es darum, einen für die Praxisanwendung brauchbaren Modellansatz im Sinne einer Heuristik vorzustellen, der Sie besser verstehen lässt, dass individuelle Kommunikation auch von übergeordneten Persönlichkeitsmerkmalen abhängig ist.

## Die vier Frage-Typen

Vereinfacht könnte man sagen, der Satz »Sage mir welcher Typ Du bist, und ich sage Dir, wie Du fragst!« ist gar nicht so abwegig. Das Frageverhalten verschiedener Persönlichkeitstypen:

- *Der D-Typ* fragt eher wenig, macht lieber Ansagen. Wenn sie/er fragt, dann eher direkt, ausfragend, verhörend, knapp. Der/Die Gegenüber fühlt sich leicht in die Ecke gedrängt.
- *Der I-Typ* fragt mehr und freundlicher als der D-Typ: Die Fragen können aber leicht suggestiv werden, da im Vordergrund oft der Wunsch nach Akzeptanz und Anerkennung steht.
- *Der S-Typ* wird eher vorsichtig und freundlich fragen, wobei der Grün-Typus ein gewisses Risiko in sich birgt, dass die Fragen zu lang und ausführlich werden. Denn sie/er will ja, das alle möglichen Aspekte berücksichtigt werden.
- *Der G-Typ* will keiner Person zu nahe treten. G-Typen geht es primär um die Sache, und so bohren sie mit Fragen immer wieder im Detail nach, bis sie den Eindruck haben, die Dinge verstanden und geordnet zu haben.

**Fragen üben: Welcher Persönlichkeitstyp sind Sie?**

1. Hand aufs Herz: Welchem Typ fühlen Sie sich intuitiv am ehesten zugehörig?
2. Welche Frage-Gefahr erkennen Sie bei sich hierbei? Wie erleben Sie sich selbst, wenn Sie fragen?
3. Wie könnten Sie in Zukunft weniger von diesem gegebenenfalls nicht zielführenden Frageverhalten zeigen?
4. Von welchem Frageverhalten anderer »Typen« hätten Sie gerne ein wenig mehr?
5. Wann wollen Sie dies das erste Mal versuchen?
6. Wichtigster Schritt: Behalten Sie einerseits eine gesunde Distanz zu jedem (Farb-)Typologie-Persönlichkeits-Ansatz.
7. Aber fragen Sie sich dennoch: Was für ein Frage-Typ bin ich wohl? Und was bedeutet dies für mich und meine Umwelt, wenn ich Fragen stelle?

28

# Systemisch Fragen: Das »System« infrage stellen

Vielleicht gehörten auch Sie bislang zu der zugegeben recht großen Gruppe von Menschen, die dem Thema Fragen insgesamt im Leben eher wenig Beachtung schenkte. Vielleicht aber fühlen Sie sich nun motiviert und angespornt, zukünftig mehr zu fragen? Zum Beispiel in Ihren sozialen Beziehungen oder im Beruf? Wenn ja: Das ist gut so! Wir sind recht sicher: Sie werden sich und anderen etwas Gutes tun. Sie selbst, aber auch Ihr Umfeld wird viele neue Erfahrungen machen, wenn Sie zukünftig häufigeren Gebrauch von Fragen, insbesondere von *guten* Fragen machen.

## »Systemische Fragen«: Ihre Umwelt wird reagieren

Wir vermuten stark: Ihr Umfeld, Ihre Gesprächspartner, Ihre Kollegen, Ihre Freunde werden reagieren. Wieso wird Ihr Umfeld reagieren, wenn Sie zukünftig nicht nur mehr, sondern vor allem anders fragen? Der Grund ist, dass Sie das »System«, sprich: die Wahrnehmungen und Bewertungen Ihres Gegenübers möglicherweise mit Fragen ein wenig durcheinander bringen. Deshalb heißen die eher ungewöhnlichen Fragen, die in der Regel im Alltag eher selten gestellt werden, im Fachjargon auch »systemische Fragen«. Systemische Fragen sind »Interventionen«, sie lösen bei

Ihrem Gegenüber Reflexionsprozesse und mitunter auch (positive!) »Irritationen« aus. (siehe auch Kapitel 19, 21 und 26)

Zirkuläre Fragen zum Beispiel sind die Kerndisziplin des systemischen Fragens, da sie die Sichtweisen, im erweiterten Sinne also die »Realitäten« anderer Personen oder Personengruppen einbeziehen. Beispiel (siehe auch Kapitel 19): »Wenn ich deine Kollegin fragen würde: Wie würde sie mir das Problem beschreiben?«

Was ist die Wirkung solcher systemisch-zirkulärer Fragen?

- Der Befragte reflektiert sich und seine Beziehung von außen.
- Der Befragte versetzt sich in die Sichtweise einer anderen Person hinein.
- Durch die Betrachtungsweise aus mehreren Blickwinkeln wird die Vernetzung der Beziehungen sichtbar.
- Durch systemische Fragen werden für alte Probleme neue Denk- und Betrachtungsweisen eingeführt. Zirkuläre Fragen »öffnen«. Dies ist äußerst nützlich. Denn niemand ist allein auf der Welt. Wir alle sind Teil eines »Systems«, in dem nicht nur wir selbst, sondern viele andere Beteiligte mit ihren jeweils spezifischen Sichtweisen und Interessen denken und handeln. Dies ist auch der Grund, warum Fragen, mit deren Hilfe unser Gesprächspartner das eigene »System« einmal verlassen kann – und hierzu gehören zirkuläre Fragen ebenso wie hypothetische oder Skalierungsfragen –, auch systemische Fragen genannt werden. Sie sprengen das System bisheriger Wahrnehmung, erweitern die Wahrnehmung und ermöglichen Ihrem Gesprächspartner im besten Fall auch Lösungen, an die er bisher noch nicht gedacht hat.

Systemische Fragen setzen auch eine gewisse systemische *Grundhaltung* voraus. Diese ist vor allem durch drei Elemente geprägt:

- Stärkere Berücksichtigung von Beziehungen statt Fokussierung auf individuelle Eigenschaften von Personen; heißt *in der*

*Praxis*: nicht auf einige naheliegende Aspekte konzentrieren, sondern verschiedene Ebenen beleuchten (Personenebene, Beziehungsebene, Kontextebene, Strukturebene, Kultur).

- Sichtweisen auf Begebenheiten und Situationen statt Festhalten oder Suchen nach »objektiven« Wahrheiten; heißt *in der Praxis*: nicht letztendliche Wahrheiten suchen, sondern Hypothesen über verschiedene mögliche Deutungen von Problemen/Situationen aufstellen.
- Wechselbeziehungen und mehrdimensionale Folgen von Interaktionen und Entscheidungen statt nur lineare Ursache-Wirkungs-Ketten im Blick haben; heißt *in der Praxis*: die Folgen von Verhalten oder Entscheidungen nicht nur im Hinblick auf die unmittelbar betroffenen Interaktionspartner, sondern für das umgebende System (z. B. Team) und die Kultur bedenken.

Aber nicht nur zirkuläre Fragen, auch hypothetische Fragen, Skalierungsfragen, Fragen nach Ausnahmen, Fragen nach Bildern und Metaphern sind systemische Fragen. Sie haben diese Fragen in den vorangegangenen Kapiteln kennengelernt. *Hier noch einmal zusammengefasst:* Systemische Fragen regen den Befragten dazu an, sein eigenes »System«, seine bisherige Wahrnehmung eines Sachverhalts oder eines Ereignisses einmal aus einer anderen Perspektive zu betrachten. In gewisser Weise schicken Sie durch systemische Fragen Ihr Gegenüber in Gedankenexperimente.

## Staunen ist vorprogrammiert

Wenn man sich an der mittlerweile vielerorts verwendete historisierend-skalierende Beschreibung von Theorien und Prozessen orientiert – wie z. B. Windows 1.0, 5.0, Android 2.2 oder Führung 3.0 –, könnte man im Kontext von Fragekultur auch vereinfachend sagen:

- Fragen 1.0 war primär kommissarisch ausfragend.
  Die Ergebnisse von Fragen 1.0 dienten primär dem Fragenden.
- Fragen 2.0 (systemisch) ist primär reflexionsauslösend.
  Die Ergebnisse von Fragen 2.0 dienen primär dem Befragten.

Generell sind systemische Fragen unkonventionell, stehen oft im Widerspruch zum Alltagsverständnis und bergen daher ein gewisses Irritationspotenzial für den Befragten. Diese Erfahrung macht jeder, der von heute auf morgen mit systemischen, also in der gängigen Wahrnehmung eher »ungewöhnlichen« Fragen beginnt: Die Reaktion der anderen ist nicht selten Erstaunen (»Wie meinen Sie denn das jetzt?«, »Das ist aber eine merkwürdige Frage …«).

Von erstaunten Reaktionen Ihres Gegenübers lassen Sie sich aber bitte nicht ins Bockshorn jagen. Denn Staunen ist immer eine gute Voraussetzung dafür, dass eingefahrene Kommunikationsmuster, unter denen viele Menschen ja auch leiden (z. B. zu lange Besprechungen im Beruf, Selbstdarstellungen, Diskussionen, die sich im Kreis drehen), verändert werden. Deshalb tun systemische Fragen Ihrem Gegenüber oder einer Gruppe letztendlich immer gut.

***Angemessene Fragen vermeiden Verhör-Atmosphären.***

29

# Online-Meetings – Fragen im virtuellen Kontext

Zum Ende eines Tages voller Videokonferenzen telefonieren zwei Kollegen via Handy, da sie noch Details zu einem Projekt vertraulich besprechen wollen. Am Rande des Gesprächs kommen sie auch auf das zurückliegende Online-Meeting zu sprechen.

Kerstin: »… also allgemein finde ich das ja nach wie vor wirklich eine tolle Sache, vor allem weil ich jeden Morgen fast 90 Minuten Anfahrt und den ewigen Stau vermeide, aber heute sind mir auch wieder die Gefahren der virtuellen Meetings klargeworden.«

Bernd: »Interessant, wo war das?«

Kerstin: »Das war heute Morgen im zweiten Sales-Meeting, als der Chef beim Klaus wegen der Lieferverzögerungen nachhakte und sich das Ganze zuerst im Kreis drehte und dann auf einmal Klaus auf die Fragen sichtlich angefasst reagierte und einsilbig wurde … so kenn' ich ihn eigentlich gar nicht!«

Bernd: »Stimmt, jetzt wo Du das sagst, der reagierte ganz anders als gewohnt.«

Meetings im virtuellen Raum haben eine eigene Dynamik. Dies hängt natürlich von einer Vielzahl von Variablen ab: der verwendeten Technik (Hardware), der Stabilität der Internet-Verbindung, der Anzahl der Teilnehmer, der hierarchischen Struktur, dem Thema einer Online-Besprechung.

## Virtueller Kontext übt Druck aus

Verständigung über Bildschirme und Laptops hat weitreichende Folgen für die Dynamik der Kommunikation.

Guten Fragen kommen in diesem Zusammenhang eine besondere Bedeutung zu. Im Vergleich zu anderen Formen der Kommunikation, z. B. bei der Aussage »Die Lieferzeiten für die Regal-Halterungen werden sich aufgrund Corona-bedingter Engpässe um voraussichtlich zehn Tage verzögern«, erzeugen Fragen automatisch mehr Druck; denn sie fordern ja qua Formulierung eine Reaktion – sprich Antwort – vom Angesprochenen. (»Herr Schmidt, wie groß wird die Lieferverzögerung bei den Regal-Halterungen aus China sein?«) Eine Frage ist immer mit einem Antwort-Appell verbunden. Wie bereits mehrfach betont: Wer fragt, übt Macht aus.

Diese Macht wird im »Zoom-freien« Face-to-face-Alltag durch eine Vielzahl von Variablen modifiziert: Die größte Bedeutung hat zweifelsohne die Körpersprache: Denn während die gesprochenen Worte primär den Inhalt der Botschaft prägen – also das »Was« –, wird das »Wie« – also die zum Gesprächspartner ausgedrückte Beziehung – primär durch die Körpersprache definiert: In Mimik, Gestik, Haltung, der Stimme schwingt mit, wie genau diese Frage gemeint ist. Die mit einer Frage verbundenen indirekten Botschaften reichen von »Nun antworten Sie aber schnell und genau!« bis zu »Mich würde es an der Stelle einfach nur interessieren.«.

## Reduzierte Körpersprache reduziert Kommunikation

Im virtuellen Raum sind folgende Phänomene beobachtbar:

- Das Medium reduziert bei den meisten Hörern die Bedeutung von begleitenden körpersprachlichen Signalen und lenkt die Konzentration auf das gesprochene Wort: Noch so feine verbale Nuancen werden beachtet und der Macht-Aspekt einer Frage wird noch sensibler wahrgenommen.

- Gleichzeitig gehen sehr viele körpersprachliche Signale verloren oder werden stark reduziert. Natürlich kann man in den gängigen Online-Tools das Gesicht seines Gegenübers sehen, versteht auch seine Stimme. Gleichzeitig tritt Körperlichkeit in den Hintergrund, viele Feinheiten sind nicht mehr beobachtbar. Damit gehen wesentliche Aspekte zur »Fein-Beurteilung« der Qualität bzw. der damit verbundenen »Macht« einer Frage verloren.
- Mit dem technischen Medium geht eine (unbewusste) Veränderung der Sicht der eigenen »Sensibilität bzw. Verletzlichkeit« einher. So ist die/der Fragende weit weg: nicht im Raum, sondern im Büro oder ihrem/seinem Home-Office. Dies verleiht der Situation etwas »Unwirkliches, Entrücktes«; das vermag zwar einerseits »Schutz« bedeuten, es reduziert aber gleichermaßen den eigenen Handlungsspielraum, die wahrgenommene Selbstwirksamkeit.
- Auch der wachsende Home-Office-Kontext birgt neue Chancen und Risiken: Einerseits ist man in seinen »geschützten vier Wänden«, andererseits dringt die bzw. der andere gleichermaßen in einen Privat-Raum ein.
- Hinzu kommt, dass durch die Video-Technik das persönliche Ambiente sichtbar wird. Es sei denn, man arbeitet ohne Video bzw. nutzt einen virtuellen Hintergrund bzw. aktiviert die Funktion eines verwischten Bildschirms.

Was bedeutet dies alles für unser Thema Fragen?

- Frage-Situationen unterliegen im virtuellen Raum einer erhöhten (Selbst-)Aufmerksamkeit.
- Dadurch verstärken sie bei Personen, die per se eher »sensibel« oder sehr aufmerksam gegenüber von außen ausgeübtem »Druck« reagieren, (archaisch geprägte) Flucht-, Totstell- oder Kampf-Reaktionen.
- Demzufolge sollten Fragen im virtuellen Kontext so plat-

ziert und formuliert werden, dass der damit – gewollt oder ungewollt – ausgeübte Druck minimiert wird.

**Fragen üben**

Folgende Vorgehensweisen und Techniken sind im virtuellen Kontext besonders geeignet:

- Leiten Sie Ihre Fragen öfter mit einleitenden Erklärungen ein, weshalb Sie diese Frage gerade jetzt stellen.
- Formulieren Sie mehr offene als geschlossene Fragen. Als Praxis-Faustregel gilt: 80 % der Fragen sollten offen (mit sogenannten W-Fragen) formuliert sein.
- Reihen Sie nicht verhörmäßig Frage an Frage an Frage, sondern treffen Sie dazwischen immer wieder Ich-Aussagen oder formulieren Sie Zusammenfassungen.
- Unterbrechen Sie Ihre Gesprächspartner nicht, stellen Sie keine stakkatomäßig bohrenden »Wo-, Wer-, Wann-Nachfragen«, sondern binden Sie diese Einzel-Fragewörter in längere Sätze ein.
- Vermeiden Sie (latent vorwürfliche) »Warum«-Fragen, sondern formulieren sie diese vielmehr zielgerichtet um. (»Was war ausschlaggebend dafür, dass ...?«).
- Im virtuellen Kontext menschelt es weniger. Würzen Sie Ihre Fragen deshalb gerne mit einem Schuss Augenzwinkern oder Humor. Zum Beispiel so: »Wer von Ihnen hat, so wie ich, nicht die Spur einer Idee, wie wir dieses Problem jetzt aus der Welt schaffen könnten?«, oder so: »Spricht irgendetwas gegen eine kurze Espresso-Pause, außer dass vielleicht nicht jeder einen Kaffee-Vollautomaten besitzt?«

Wenn Sie bewusst Gebrauch von guten Fragen machen, werden Sie auch im virtuellen Raum die notwendige Akzeptanz finden, die Kommunikation verbessern und Antworten gewinnen, die Sie sich erhofft haben!

# Schluss: Lernen von Sokrates

Gute Fragen zu stellen, ist eine Schlüsselkompetenz im Leben. In ihrer Bedeutung ist diese Kompetenz den meisten Menschen noch wenig bewusst. Die reichhaltigen Möglichkeiten und Chancen, die sich aus guten Fragen ergeben, werden kaum genutzt. In den für Kommunikation – ganz gleich ob gesellschaftliche, politische oder »private« Kommunikation – zukünftig immer dominanteren Sozialen Medien wie Twitter, Facebook und Co. werden meist unverrückbare Meinungen und unwiderrufliche »Wahrheiten« produziert. Viel Platz für offene Fragen ist hier eher nicht vorgesehen. Auch wenn es selbstverständlich erlaubt wäre. Niemand würde ja einen Nutzer davon abhalten, gesellschaftliche oder politische Debatten in sozialen Netzwerken mit Fragen zu eröffnen. Sofern Sie sich in diesen Netzwerken bewegen, versuchen Sie es einfach mal eine Zeitlang – und beobachten dann aufmerksam die Reaktionen.

Wir haben aufgezeigt, dass Fragen auch im Kontext von Führung und Management in Unternehmen in aller Regel nur ein eher kümmerliches Schattendasein fristen. Was vielen Menschen in der Kommunikation mit anderen Menschen noch fehlt, ist eine fragende, neugierige Grundhaltung. Eine Grundhaltung, die auf einem zentralen Wert, nämlich dem des wirklichen Interesses beruht. Gemeint ist der aufrichtige Wunsch, ständig Neues zu erfahren und dadurch neue Perspektiven auf bestehende Probleme, Zustände, die vermeintliche »Wirklichkeit« einnehmen zu können. Es fehlt der starke Drang, neue Erkenntnisse zu gewinnen, es mangelt an Bereitschaft, sicher geglaubte Gewissheiten auch einmal in Frage stellen zu lassen. Gefragt ist aber nichts anderes als ein tieferes Interesse an unseren Mitmenschen, an Freunden, Bekannten, Kollegen, Mitarbeitern. Bitte prüfen Sie sorgfältig, ob Sie dieses Interesse haben. Denn erst wenn es vorhanden ist oder wenn Sie bereit sind, es nach und nach zu entwickeln, können Sie sich in der Kunst des Fragens üben.

Diese Kunst ist alles andere als neu. Schon der berühmte Philosoph Sokrates schlenderte jeden Tag über den Athener Marktplatz und verwickelte Bürger bei zufälligen Begegnungen in eine Unterhaltung. Er setzte dabei auf nichts anderes als: Fragen!

Kaum zu glauben: Sokrates hinterließ uns schon vier Jahrhunderte vor Christus einen reichhaltigen Methodenkoffer für ein gutes Gespräch. Und der kann heute von Führungskräften insbesondere für die Mitarbeiterentwicklung genutzt werden. Das berühmteste Werkzeug aus diesem Koffer ist die »sokratische« Methode, Fragen zu stellen. Diese Methode bestand vor allem aus konsequentem, ja, auch penetrantem Nachfragen. So verfolgt der Sokratische Dialog als Technik zwei Ziele:

- durch gezielte Fragen verborgenes Wissen sichtbar machen,
- durch konsequente Befragung zur Einsicht führen, dass alles Wissen nur vorläufig und unvollständig, »nicht verlässlich« und »nicht für immer und nicht für alle gültig« ist.

»Ich weiß, dass ich nichts weiß«, so lautet der wohl bekannteste Satz von Sokrates. Deshalb (Führungskräfte jetzt aufgepasst!): In der philosophischen Welt von Sokrates ist der Lehrer nicht der (Besser-)Wissende, sondern der Fragende, der durch gezielte Fragen den Kern des Wissens aus dem Wissen seines Gesprächspartners herauslockt. Sokrates selbst hat diese Fragetechnik als Hebammenkunst verstanden. Ihm lag es fern, selbst als weise zu gelten. Stattdessen war sein erklärtes Ziel, anderen zur Geburt neuer Ideen zu verhelfen. Diese Geburt baute auf einem Wissen auf, das im Gegenüber schon vorhanden ist. Ein Wissen, das in allen Menschen bereits schlummert, aber erst durch gute Fragen nach außen ins Bewusstsein gebracht wird. In der heutigen Sprache: ein implizites Wissen, das durch Fragen explizit, also zugänglich gemacht wird. Im Sinne Sokrates' waren die Fragen aktive Geburtshelfer neuer Ideen. Heute würde man es auch »Hilfe zur Selbsthilfe« nennen. Aus heutiger Sicht wirken viele Fragen, die Sokrates an seine Gesprächspartner richtete, natürlich sehr suggestiv: Mit Fragen lenkte er seine Schüler nicht selten in eine bestimmte Richtung. Und oftmals legte er ihnen die Antwort auch sinnbildlich in den Mund. Davon raten wir Ihnen, wenn Sie sich zukünftig im vermehrten und besseren Fragen üben, unbedingt ab!

Das ändert aber nichts an dem historischen und bahnbrechenden Verdienst von Sokrates, die grandiose Wirkung von Fragen erkannt, genutzt und gelehrt zu haben.

Niemand hält Sie nun davon ab, sich Philosophie und Methodik dieses großen Philosophen zu eigen zu machen. Die Kunst, in der Sie sich üben können, besteht darin, möglichst viele offene Fragen zu stellen, und zwar so, dass Sie den anderen nicht demotivieren, sondern sein Interesse wecken. Ob es Ihnen gelingt, bei Ihren Gesprächspartnern dieses Interesse hervorzulocken, ist – wir haben es vielfach betont – abhängig von der Haltung, mit der Sie solche Fragen stellen werden. Wenn es aus Arroganz oder gar Zynismus geschieht, wird bestimmt niemand ehrlich auf Ihre Fragen eingehen.

Sie sind jetzt entschlossen, Ihre persönliche Fragekompetenz zu verbessern, Ihren Mitmenschen mehr – und vor allem: andere, bessere Fragen zu stellen? Gut so! Wenn Sie das ein oder andere, das Sie in diesem Buch erfahren haben, anwenden möchten, bedenken Sie abschließend noch Folgendes: Gute Fragen zu stellen – und die Voraussetzung dafür, bitte auch dies nicht vergessen, ist, gut zuhören zu können! –, ist nicht von heute auf morgen, nicht durch Knopfdruck erreichbar. Schon der berühmte Philosoph und Vordenker der Moderne Jean-Jacques Rousseau erkannte: »Man muss viel gelernt haben, um über das, was man nicht weiß, fragen zu können.«

Gut Fragen will gelernt sein!

Was Sie demnach nicht unterschätzen sollten: Sich eine persönliche »Fragekompetenz« aufzubauen, ist ein großer Lernprozess. Dieser Lernprozess braucht Übung, Ausdauer und Geduld.

Auf Ihrer persönlichen Lernreise des Fragens wünschen wir Ihnen nun viel Erfolg. Am Schluss eine – eigentlich »verbotene« – Suggestivfrage: Sie glauben doch sicher auch, dass Sie das schaffen? Dass es Ihnen gelingt, zukünftig mehr, »anders« und besser zu fragen? Wenn Sie diese Frage mit »Ja.« oder mit »Klar doch!« beantwortet haben, und wenn Sie möglicherweise jetzt nur noch nach einem geeigneten Anlass suchen: Der richtige Augenblick ist genau jetzt! Das nächste Gespräch – mit einem Kollegen, Ihrem Chef, Ihrem Freund, Ihrem Kind –, die nächste Gelegenheit wartet schon auf Sie. Probieren Sie es einfach aus.

Noch Fragen? – Gerne!

# Literatur

## Fachbücher der Autoren zum Thema Fragen, Kommunikation und Führung


- Patrzek. A. (2003). Fragekompetenz für Führungskräfte. Berlin: Springer.
- Patrzek, A. (2008). Wer das Sagen hat, sollte reden können. Paderborn: Junfermann.
- Patrzek. A. & Scholer, S. (2018). Systemisches Fragen in der Kollegialen Beratung. Weinheim und Basel: Beltz.
- Patrzek, A. (2021). Systemisches Fragen. Berlin: Springer.
- Scholer, S. (2017). Führung im Öffentlichen Dienst. München: Weka.


## Fachbücher anderer Autoren rund um das Thema Fragen


- Birkenbihl, V.F. (2005). Fragetechnik schnell trainiert. München: MVG.
- Frank-Eßlinger, S. (2019). Mit Fragen führen. München: Haufe.
- Gregersen, H. (2018). Questions are the answer. New York, Harper Business.
- Grochowiak, K. & Heiligtag, S. (2002). Die Magie des Fragens. Paderborn: Junfermann.
- Hahn, R.-M. (2008). Gut gefragt ist halb gewonnen. Reinbek: Rowohlt.
- Kindl-Beilfuß, C. (2007). Fragen können wie Küsse schmecken. Heidelberg: Carl-Auer.
- Marquardt, M.J. (2014). Leading with questions. San Francisco: Jossey-Bass.
- Schein, E. (2019). Humble Inquiry. Oakland: Berrett Koehler.
- de Shazer, S. (1999). Der Dreh. Heidelberg: Carl-Auer.
- Simon, F.B. & Rech-Simon, C. (1999). Zirkuläres Fragen. Heidelberg: Carl-Auer.